Les nouvelles ruralités à l'horizon 2030

Des relations villes-campagnes en émergence ?

Les nouvelles ruralités à l'horizon 2030

Des relations villes-campagnes en émergence ?

Olivier Mora, coordinateur

Préface par Martin Vanier
Postface par Armand Frémont

Éditions Quæ

Collection *Update Sciences & Technologies*

L'élevage en mouvement. Flexibilité et adaptation des exploitations d'herbivores
Benoît Dedieu, Eduardo Chia, Bernadette Leclerc, Charles-Henri Moulin, Muriel Tichit
2008, 296 p.

Landscape: from Knowledge to Action
Martine Berlan-Darqué, Yves Luginbühl, Daniel Terrasson
2008, 308 p.

Multifractal Analysis in Hydrology. Application to Time Series
Pietro Bernardara, Michel Lang, Éric Sauquet, Daniel Schertzer, Loulia Tchiriguyskaia
2008, 58 p.

Analyse multifractale en hydrologie. Application auxs séries temporelles
Pietro Bernardara, Michel Lang, Éric Sauquet, Daniel Schertzer, Ioulia Tchiriguyskaia
2008, 58 p.

Paysages : de la connaissance à l'action
Martine Berlan-Darqué, Yves Luginbühl, Daniel Terrasson
2008, 308 p.

Cet ouvrage est issu des travaux menés dans le cadre de la prospective Les nouvelles ruralités en France à l'horizon 2030. Initiée par l'Inra en janvier 2006 sous le pilotage scientifique de Guy Riba et Bernard Hubert, cette prospective est le fruit de la réflexion d'un groupe composé d'une vingtaine d'experts de diverses institutions, qui, avec l'appui d'une équipe projet au sein de l'unité prospective de l'Inra, s'est réuni régulièrement durant deux ans pour penser les futurs possibles des ruralités à l'horizon 2030.

Éditions Quæ
c/o Inra, RD 10, F – 78026 Versailles Cedex

Préface

La prospective a trop souvent été l'art savant de se faire peur collectivement, comme si l'inquiétude du futur devait être un gage d'intelligence du présent. La prospective de soi étant alors cet exercice réflexif curieux qui consiste à s'effrayer soi-même de ce que l'on pourrait devenir. C'est une toute autre posture qu'a choisie l'Inra pour s'interroger à la fois sur le sens de la ruralité de demain et sur son futur agenda d'organisme de recherches publiques : la posture de la réinvention.

Il ne manquera pas d'honnêtes gens en France pour douter qu'il faille réinventer la ruralité. On croit les entendre déjà : surtout ne réinventez pas la ruralité, laissez nos campagnes tranquilles ! D'autres au contraire, mais au fond pas si éloignés, s'engouffreraient bien volontiers dans une réinvention de la ruralité comme retour à des origines totalement mythifiées. Il ne s'agit pas de cela.

Les Français adorent leurs campagnes, et leurs voisins européens aussi. La preuve : ils y habitent de plus en plus nombreux. C'est bien le problème, à la fois la bonne et la mauvaise nouvelle. De ce fait, les campagnes n'attendent pas les prospectivistes : elles se réinventent toutes seules. Ce qu'il faut donc réinventer, sous cette impulsion, c'est la façon d'en parler, de se les représenter, c'est-à-dire de les présenter à nous-mêmes, de nous les rendre pleinement contemporaines. Paradoxe de la prospective : c'est en passant par le futur qu'on peut faire bouger les représentations du passé, qui nous empêchent de bien lire et comprendre notre présent.

Commençons par le pluriel : les ruralités ont remplacé la ruralité. Voilà de quoi s'éloigner de l'idée héritée d'un monde rural homogène qu'il s'agirait de faire perdurer en le réinventant, voire en le réenchantant. Une telle idée de la ruralité unie n'a plus guère de sens, même si elle persiste : un zonage statistique, très officiel et scientifique, ne propose-t-il pas, en 2003, un nouveau « référentiel rural élargi » qui regroupe jusqu'à 36 % de la population nationale ? 36 % de ruraux en France ? Mais alors comment comprendre en même temps que plus de la moitié des habitants des communes dites rurales sont qualifiés de périurbains ? Qui vit où, dans quel type d'espaces, et doit être défini comment ? Faut-il vraiment élargir le « référentiel rural » pour comprendre ce qui est en train d'advenir dans les rapports de la société à ses espaces, ou n'est-il pas temps de changer de référentiel, plus radicalement ?

En posant ici la question des « nouvelles ruralités », le groupe de travail rassemblé par l'Inra a fait ce choix : entendre par là les dynamiques de tous ordres qui travaillent les rapports entre ville et campagne. L'objet de leur prospective devient donc l'ensemble des rapports entre une société en immense majorité urbaine, et ses espaces de recours résidentiels, récréatifs et productifs, qui, sous la forme dite des campagnes, couvrent l'immense majorité du territoire.

Ce choix est essentiel. Il dénoue l'opposition de destins entre un urbain et un rural qui seraient étrangers l'un à l'autre, dans leurs raisons d'être, leurs systèmes de valeurs, leurs mondes de représentations, y compris le monde politique. Il substitue à cette étrangeté réciproque, encore largement cultivée, flattée, outrée, fantasmée, le monde des liens, des mouvements, des échanges, des circulations et des interactions qui unissent chaque jour davantage les villes et les campagnes. La prospective des nouvelles ruralités en France devient alors celle d'un monde global, interpellé dans ses rapports à cet espace essentiel que sont à la fois l'espace de nature, l'espace nourricier et l'espace du « plein air », l'espace à vivre en somme.

Or, il se trouve que parallèlement aux travaux du groupe Inra dont il est ici rendu compte, un autre groupe de prospective tout différent, réuni à l'initiative de la Délégation interministérielle à l'aménagement et à la compétitivité des territoires (Diact), traitait au fond des mêmes enjeux, au nom, cette fois, des « futurs périurbains », c'est-à-dire de l'avenir de la périurbanisation. Cheminant par des méthodes sensiblement différentes, il s'avère au final que ces deux groupes d'experts esquissent les mêmes horizons prospectifs, nourris des approches qui sont propres à leur point de départ respectif. Au scénario (1) « les campagnes de la diffusion urbaine », proposé par l'Inra, correspond le scénario (2) de la Diact intitulé « le périurbain dissout dans le confort spatial » ; au scénario (2) « les campagnes intermittentes des systèmes métropolitains » de l'Inra, le scénario (3) de la Diact « le périurbain transformé par le conservatoire péri-rural » ; au scénario (3) « les campagnes au service de la densification urbaine » de l'Inra, les scénarios (1 et 5) proposés par la Diact « le périurbain digéré et/ou réquisitionné par l'urbain » ; enfin, les scénarios (4) « les campagnes dans les mailles des réseaux de villes » issu de l'Inra et « le périurbain saisi par l'interterritorialité » posé par la Diact se renvoient un écho d'autant plus intéressant qu'ils ont en général les faveurs stratégiques des acteurs.

Cette convergence prospective est réjouissante. Elle confirme que le monde n'est plus divisé en deux champs, urbain et rural, et que les bifurcations possibles qui s'offrent aux acteurs consistent moins que jamais à choisir l'un contre l'autre, l'un sans l'autre, ou même simplement l'un à côté de l'autre. L'avenir est à l'articulation, à la coordination, au jeu urbain-rural. Donc aux décloisonnements des rationalités, des expertises, des politiques, qui ont longtemps structuré séparément ces deux champs, qui n'en forment plus qu'un, circulation oblige.

Voilà qui donne raison à l'Inra d'ouvrir le débat de l'élargissement de son domaine de compétences scientifiques. La recherche scientifique est humaine : elle tend, partout, à « appartenir » un peu trop étroitement à l'institution qui la fait vivre. La recherche agronomique doit tout au puissant monde professionnel et politique de l'agriculture. Mais, comme on vient de le dire, non seulement la ruralité ne se résume plus, et depuis longtemps, à l'agriculture, mais en outre, il n'est même plus vraiment pertinent d'en faire un sujet autonome. La réinvention des nouvelles ruralités, entendues comme l'ensemble des rapports sociaux aux campagnes, donne bien un rendez-vous majeur à la recherche agronomique.

Pour autant, le décloisonnement, l'élargissement, et l'hybridation des approches scientifiques – pour ne parler que d'elles – ne doivent pas conduire à perdre ce qui les distingue et les différencie. Vieux débat que celui des vertus et des limites de l'interdisciplinarité. Ce n'est pas aux agronomes qu'on apprendra les rapports étroits de causalité entre hybridation et stérilité. Les prospectivistes retiendront, pour leur part, qu'en biologie un hybride stérile s'appelle aussi une chimère. Mais il existe, moyennant quelques efforts, des hybrides féconds, et c'est par eux que la prospective peut s'éloigner du songe, du mirage, et pour finir du monstre.

La question est donc d'explorer, en prospective, les hybrides féconds qui peuvent résulter des multiples croisements possibles entre l'agronomie et, pour le dire vite, les sciences du territoire.

Toute prospective, quel qu'en soit le sujet, passe actuellement par quatre sujets obligatoires, tant il reste vrai que l'anticipation du futur procède de l'angoisse du présent : le changement climatique, la panne énergétique, le vieillissement démographique, la pression des risques en tout genre. À ces quatre figures obligées et inquiètes de la prospective contemporaine – qui tracent déjà un agenda de travail considérable, bien qu'assez marqué par une pensée unique du futur – le travail prospectif de l'Inra a le mérite d'ajouter plus spécifiquement quatre autres grands sujets d'interpellation.

Le premier concerne la façon dont nous allons, et nous voulons, habiter la France, plus nombreux que jamais, et par « habiter » on entendra beaucoup plus que « résider », mais c'est tout de même autour de nos habitats, nos groupes de logements, que le reste s'organise. Le second rappelle l'éternel rendez-vous avec nous-mêmes qu'est le rendez-vous avec la nature, la si humaine nature de notre continent européen. Le troisième vise la nouvelle question sociale structurante qu'est la mobilité, ses formes, ses droits et devoirs, ses rythmes et ses limites, toutes réalités par lesquelles l'urbain et le rural sont désormais liés. Le quatrième et dernier sujet d'interpellation – peut-être le plus discret dans les travaux présentés, mais on peut tout de même l'y débusquer – touche à l'alimentation, la nourriture, ce besoin vital de l'humanité par lequel elle élève sa condition, se cultive elle-même en même temps qu'elle cultive son espace.

Quatre sujets étroitement liés (habiter, nature, mobilité, nourriture), pris dans l'ombre globale de quatre autres (réchauffement, énergie, vieillissement, risques) : tel est l'essentiel du nœud prospectif auquel se sont confrontés les experts rassemblés par l'Inra. C'est là le laboratoire des hybrides féconds qui est le vrai sens de la prospective. On y retrouve les fruits pragmatiques des pratiques alternatives qui finissent par devenir avant-gardistes, comme l'agroécologie, déjà promue dans d'autres réseaux. On y retrouve aussi des propositions sémantiques nouvelles de chercheurs-explorateurs, comme la notion de « péri-rural » et celle de « naturbanisme ». On ne réinvente pas les représentations collectives sans renouveler les mots pour les dire. Tous les hybrides ne seront certes pas féconds, mais tous requièrent a priori l'attention. Et au bout du compte, la prospective ne s'usera que si l'on ne s'en sert pas.

Car au-delà des efforts des chercheurs pour faire vivre en permanence l'intelligibilité du monde tel qu'il va, commencent ceux des acteurs, en particulier politiques, pour réajuster à leur tour leurs raisons et façons d'agir. Les rapports entre ville et campagne de la France en 2030 seront, pour une part, le fruit de ces efforts. N'oublions cependant pas qu'ils seront, pour l'essentiel, le fruit de l'invention sociale dont tout semble indiquer un irrépressible appétit pour les campagnes. De cet appétit, à coup sûr, le monde de l'agronomie ne peut que se réjouir.

Martin Vanier
Professeur de géographie à l'université Joseph Fourier (Grenoble)
Unité mixte de recherche Politiques publiques, action politique, territoire (Pacte)

Le groupe de travail de la prospective Nouvelles ruralités

Le projet a été mené par un groupe de travail qui a réuni, au cours d'une vingtaine d'ateliers de réflexion de janvier 2006 à juin 2008, un comité de pilotage, un comité d'experts et une équipe projet.

Comité de pilotage

Guy Riba, Inra, directeur général délégué chargé des programmes, du dispositif et de l'évaluation scientifique

Bernard Hubert, directeur du groupement d'intérêt public Ifrai (Initiative française pour la recherche agronomique internationale), directeur scientifique Société, économie, décision à l'Inra de 2004 à 2007

Comité d'experts

Francis Aubert, Enesad (Établissement national d'enseignement supérieur agronomique de Dijon), directeur du CESAER (Économie et sociologie rurales appliquées à l'agriculture et aux espaces ruraux)

Christophe Bernard, anciennement chargé de mission à la Diact (Délégation interministérielle à l'aménagement et à la compétitivité des territoires)

Jean-Paul Billaud, CNRS (Centre national de la recherche scientifique), directeur du Ladyss (laboratoire des Dynamiques sociales et recomposition des espaces), Université Paris X

Luc Bossuet, Inra, Sadapt (Sciences pour l'action et le développement : activités, produits, territoire)

Thierry Brossard, CNRS, directeur adjoint de Théma (Théoriser et modéliser pour aménager), Université de Franche-Comté

Henry Buller, Université d'Exeter, Royaume-Uni

Stéphane Cordobès, Diact, conseiller Prospective et études

Patrice Devos, ministère de l'Agriculture et de la pêche, CGAAER (Conseil général de l'agriculture, de l'alimentation et des espaces ruraux)

Armand Frémont, ancien recteur de l'Académie de Grenoble et de l'Académie de Versailles, président du conseil scientifique de la Datar (Délégation à l'aménagement du territoire et à l'action régionale) de 1999 à 2002

Denis Lépicier, Enesad, CESAER

Guy Loinger, OIPR (Observatoire international de prospective régionale), GEISTEL, directeur, et Université Paris I

Amédée Mollard, Inra, Laboratoire d'économie appliquée de Grenoble

Philippe Perrier-Cornet, Inra, Moisa (Marchés, organisation, institutions et stratégies d'acteurs)

Olivier Piron, ministère de l'Écologie, de l'énergie, du développement durable et de l'aménagement du territoire, CGPC (Conseil général des ponts et chaussées)

Vincent Piveteau, anciennement conseiller pour le Développement local et la politique rurale à la Diact

Bertrand Schmitt, Inra, chef de département SAE2 (Sciences sociales, agriculture et alimentation, environnement et espace)

André Torre, Inra, Sadapt, responsable des programmes de recherche pour et sur le développement régional (PSDR)

Ghislaine Urbano, ministère de l'Agriculture et de la pêche, Direction générale des politiques agricole, agroalimentaire et des territoires (DGPAAT)

Équipe projet

Olivier Mora, Inra, Unité prospective (chef de projet)

Lisa Gauvrit, Inra, Unité prospective

Edith Heurgon, Centre culturel international de Cerisy, directrice, conseillère en prospective

Clementina Sebillotte, Inra, Unité prospective

Maryse Aoudaï, Inra, Unité prospective

Avec l'appui de Rémi Barré (Cnam et ministère de la Recherche, anciennement Inra), ainsi que de Catherine Donnars (Inra), Christophe Abrassart (Inra, Unité prospective), Sandrine Picard (Inra, Unité prospective), Sandrine Paillard (Inra, Unité prospective).

Sommaire

3. Évolution des ruralités : tendances lourdes et signaux faibles 37

*Olivier Mora, Édith Heurgon, Lisa Gauvrit
avec la contribution de Guy Loinger*

Introduction

Les espaces ruraux se transforment sous l'effet d'importantes recompositions démographiques, sociales et économiques, elles-mêmes étroitement liées à l'évolution des modes de vie, à l'essor des mobilités et aux dynamiques urbaines. Les représentations traditionnelles, qui envisagent la ruralité dans le cadre d'une opposition entre deux mondes supposés homogènes, ceux de la ville et de la campagne, sont désormais obsolètes. Mais annoncer le « triomphe de l'urbanité » ne suffit pas à comprendre les évolutions en cours. Si les mobilités sont venues défaire le lien étroit qui existait entre un espace et une collectivité, et caractérisait un modèle rural d'hypersédentarité, elles ont également agi sur le devenir des villes. Celles-ci se transforment : à leurs frontières de plus en plus diffuses et étendues, apparaissent des espaces périurbains, hybrides de ville et de campagne. Dans ce mouvement général de la société, de nombreux espaces ruraux, et pas seulement les campagnes périurbaines, sont devenus des lieux attractifs pour le cadre et la qualité de vie qu'ils offrent aux résidents ; s'y inscrivent aussi de nouveaux enjeux environnementaux locaux et globaux. Cadre de vie, proximité avec la nature, lieu d'épanouissement et de sociabilité, antidote à la ville, la campagne traduit une évolution inédite du style de vie de nombreux individus et de leur rapport à l'espace. La campagne en tant que domaine dédié à la seule activité agricole ou lieu d'inscription de la société rurale a disparu ; elle est désormais un espace aux multiples usages, où des individus travaillent, habitent et se détendent tout en tissant continuellement des liens avec une diversité de territoires. Les dynamiques nouvelles qui animent les espaces ruraux invitent à repenser les formes de composition des villes et des campagnes, et à revisiter la notion même de ruralité, qui a perdu son caractère d'évidence pour entrer dans une phase d'indétermination.

Par une démarche prospective débutée en janvier 2006 et présentée publiquement lors d'un colloque en juillet 2008, l'Inra a souhaité explorer les devenirs possibles des ruralités à l'horizon 2030. Parce qu'elles concernent les milieux naturels et les lieux de l'activité agricole dans leurs rapports avec l'habitat et les dynamiques économiques, ces évolutions sont potentiellement porteuses de nouveaux enjeux, tant pour l'agriculture et la planification urbaine et territoriale, que pour la recherche agronomique. Aussi, vis-à-vis de l'agriculture, de l'environnement et de l'alimentation, les ruralités demeurent un élément clé du positionnement stratégique de l'Inra aux plans cognitif et institutionnel. Pour conduire cette réflexion prospective, un groupe d'experts aux horizons, aux champs disciplinaires et aux parcours très divers, s'est réuni régulièrement pendant deux ans et demi. Des spécialistes de la géographie, de l'économie, de la sociologie, de l'agronomie et de l'écologie, mais aussi des acteurs institutionnels (de l'aménagement, de l'équipement, de l'urbanisme et de l'agriculture), accompagnés de prospectivistes ont conjugué leurs approches pour construire des visions partagées et un cadre d'analyse commun à l'évolution des espaces ruraux.

Cet ouvrage présente une synthèse des travaux menés par ce groupe. Après une explicitation de la démarche suivie, une seconde partie propose un bref état des lieux tant du point de vue démographique, économique et spatial que de celui des usages des espaces ruraux. Une troisième partie explicite la problématique construite par le groupe de travail sur les ruralités, centrée sur l'analyse des évolutions conjointes des villes et des campagnes et prenant en compte la pluralité des ruralités. La partie suivante détaille les quatre scénarios à l'horizon 2030 construits par la prospective, illustrés par le devenir de territoires contrastés dans quatre régions françaises ; ces illustrations mettent en évidence la coexistence possible de plusieurs scénarios à l'échelle nationale. Ces scénarios sont ensuite déclinés du point de vue des acteurs, du vécu des individus, des politiques publiques selon une logique de différenciation ou de convergence des territoires. Les enjeux et le rôle possible de l'agriculture dans les évolutions à venir sont approfondis dans une sixième partie, suivie de la présentation de quelques pistes et orientations de recherche issues des scénarios. Enfin, une postface présente la synthèse des enjeux repérés par la prospective pour les devenirs des ruralités.

Chapitre 1
Cadre d'analyse et démarche de la prospective nouvelles ruralités

Olivier Mora, Lisa Gauvrit

Quelques traits méthodologiques marquants

La prospective Nouvelles ruralités s'est fondée sur un certain nombre de choix méthodologiques et d'arbitrages qui ont été déterminants pour l'ensemble de la démarche.

Un décentrement délibéré par rapport aux questions agricoles et une entrée par les relations entre villes et campagnes

Différentes études prospectives récentes ont pointé l'importance des phénomènes d'urbanisation, de recomposition des activités économiques sous l'effet des métropoles, et l'enjeu des mobilités entre les villes et les campagnes. La prospective sur le devenir des espaces ruraux à l'horizon 2020[1] menée par la Datar (Datar, 2003) a mis en évidence l'importance des dynamiques résidentielles et de périurbanisation des espaces ruraux. Les travaux conduits par le groupe Perroux du Commissariat général du Plan (Mouhoud, 2005) ont alimenté la réflexion sur le devenir des activités économiques dans les espaces ruraux et sur le rôle de l'économie résidentielle. Plus ponctuellement, le groupe de travail Nouvelles ruralités a mobilisé d'autres prospectives européennes : Newrur (Newrur, 2004), Scar (Ffraf, 2007), Espon (Bengs et Schmidt-Thomé, 2005), Prelude (Agence européenne de l'environnement, 2006) et Scenar 2020 (European Commission, 2007). Dans la dernière phase de l'exercice de prospective, des échanges ont eu lieu avec un groupe de prospective de la Diact sur les futurs des espaces périurbains (Diact, 2008).

---

[1] Le groupe de travail Nouvelles ruralités a eu accès à plusieurs documents intermédiaires et finaux issus du Groupe de prospective de la Datar « Espaces naturels et ruraux et société urbanisée », dirigé par Philippe Perrier-Cornet et Bertrand Hervieu.

S'appuyant sur les résultats des prospectives précédemment citées et sur une analyse des évolutions tendancielles, le groupe de travail de la prospective Nouvelles ruralités a considéré qu'on ne pouvait plus penser le devenir des espaces ruraux indépendamment des dynamiques urbaines. Aussi a-t-il conçu des scénarios des ruralités à l'horizon 2030 qui envisagent différentes évolutions conjointes des villes et des campagnes.

Un parti pris de la prospective a été de décentrer son regard par rapport aux objets habituels d'intérêts de l'Inra, l'agriculture et l'agronomie. Les dynamiques agricoles et les problématiques agronomiques n'ont pas été intégrées en « entrée » de la réflexion, c'est-à-dire dans la construction des scénarios, mais examinées en « sortie » des scénarios. Il s'agit, à travers ce détour par les recompositions des villes et des campagnes, d'analyser de manière ouverte la place que l'agriculture pourrait occuper dans les territoires et les rôles possibles qu'elle pourrait jouer dans ces transformations.

Une complémentarité entre une approche macroscopique et une analyse territorialisée

Pour élaborer les scénarios, le groupe de travail a mis en place une méthodologie originale qui conjugue les apports de deux approches complémentaires : une approche macroscopique s'intéresse aux tendances générales d'évolution des espaces ruraux et s'appuie sur des indicateurs quantifiés, tandis que des approches situées caractérisent les dynamiques d'évolution des territoires en relation avec les configurations d'acteurs. En effet, les mutations contemporaines portent à la fois sur des aspects macroscopiques d'évolution des sociétés et sur des transformations territorialisées. La prospective s'est intéressée tant aux états morphologiques, économiques, démographiques des espaces ruraux qu'aux acteurs, à leurs pratiques et à leurs projets, à leurs aspirations et leurs styles de vie, ainsi qu'aux innovations sociétales qu'ils imaginent localement. À ce titre, les illustrations régionales développées sur des situations contrastées ont permis d'appréhender des dynamiques en cours, mais aussi des représentations et projets que les acteurs formulent quant à leur devenir.

De la construction des scénarios à l'identification de questions de recherche

La prospective Nouvelles ruralités a été pensée comme un outil d'exploration pour l'Inra et a pour vocation de faire émerger de nouvelles questions de recherche. Ses produits et résultats ont été construits dans la perspective de susciter ou relancer les débats sur les fonctions et le positionnement scientifique de l'institut par rapport à un aspect majeur du devenir de la société française, qui cristallise plusieurs enjeux du tripode « agriculture, alimentation, environnement ». Ces résultats ont pour objectif de préparer l'élaboration de programmes de recherche à l'Inra et de repenser ses partenariats, notamment avec les institutions décentralisées.

La démarche adoptée repose sur plusieurs étapes, allant de l'élaboration de scénarios d'évolution des ruralités à l'horizon 2030 à la mise en débat de ces scénarios avec des chercheurs de l'Inra, pour identifier de nouvelles orientations de recherche dans le champ de l'agriculture, de l'alimentation et de l'environnement (voir Encadré 1 « Schéma de l'organisation du projet »).

Le groupe de travail, composé d'experts de diverses disciplines et de diverses institutions (ministère de l'Agriculture et de la pêche, ministère de l'Écologie, de l'énergie, du développement durable et de l'aménagement du territoire, CNRS, Inra, Enesad, universités), accompagné de spécialistes de la prospective a alimenté la réflexion et contribué à définir la méthodologie adoptée. Deux équipes de recherche de l'Inra ont également été particulièrement associées à la réflexion ; elles appartiennent à l'unité Économie et sociologie rurales appliquées à l'agriculture et aux espaces ruraux (CESAER) de Dijon et à l'unité Sciences pour l'action et le développement, activités, produits, territoires (Sadapt) de Versailles-Grignon.

Encadré 1
Schéma de l'organisation du projet

Étape 1 : janvier à décembre 2006

Construction de scénarios provisoires : approche prospective fondée sur des variables macroscopiques

– analyse morphologique par composantes (Olivier Mora, Clementina Sebillotte, Rémi Barré)

– caractérisation quantitative des espaces ruraux (Inra-CESAER, Francis Aubert et Denis Lépicier)

Étape 2
1re partie : mai 2006 à avril 2007

Analyse de territoires vécus, repérage de signaux faibles et de tendances émergentes

– analyse bibliographique et prospective (Clementina Sebillotte et Édith Heurgon)

– nouvelles ruralités dans le département de la Manche (Édith Heurgon)

– enquête et analyse prospective sur des espaces ruraux français (Guy Loinger)

– conflits d'usages et de voisinages dans les espaces ruraux (Inra-Sadapt, André Torre et Luc Bossuet)

2e partie : mai 2007 à janvier 2008

Études de cas dans quatre régions : Basse-Normandie, Midi-Pyrénées, Rhône-Alpes, Provence-Alpes-Côte d'Azur (Olivier Mora, Édith Heurgon, Lisa Gauvrit, Maryse Aoudaï, Catherine Donnars)

– mise à l'épreuve des scénarios

– approfondissement des modalités de leur traduction territoriale des scénarios

Étape 3 : février 2008

Formulation des 4 scénarios d'évolution

Étape 4 : février et mars 2008

Mise en débat des scénarios : réflexions sur les orientations de recherche, les compétences et les partenariats

Carrefours régionaux avec les chercheurs de l'Inra dans les Centres de Dijon et Toulouse

---

Dans un premier temps, des scénarios provisoires ont été construits en combinant des hypothèses sur des variables macroscopiques. Lors de cette étape, la démarche s'est appuyée sur une méthode classique de construction de scénario, dite d'analyse morphologique (de Jouvenel, 1999). Il s'est agi d'abord de décomposer conceptuellement les ruralités en plusieurs sous-systèmes appelés composantes, pour constituer une grille d'analyse des évolutions des ruralités. Ensuite, grâce à l'observation des tendances lourdes passées, des tendances émergentes et des faits porteurs d'avenir, des hypothèses d'évolution de chacune de ces composantes à l'horizon 2030 ont été formulées. Combinées entre elles, elles ont permis de construire plusieurs scénarios plausibles et contrastés des ruralités à l'horizon 2030. Une étude quantitative réalisée par l'équipe de l'Inra-CESAER a servi de base pour caractériser les espaces ruraux et repérer les grandes dynamiques en cours.

Dans un deuxième temps, ces scénarios initiaux et leurs hypothèses constitutives ont été complétés, illustrés, affinés à travers deux types d'approfondissement : des analyses sur les territoires vécus et quatre études de cas régionales. En complément, une étude sur les conflits d'usages et de voisinages dans les espaces ruraux, réalisée par l'équipe de l'Inra-Sadapt, a permis de repérer des mutations territoriales, des enjeux et des zones de tension révélatrices de devenirs possibles.

Dans un troisième temps, une synthèse globale a été réalisée, aboutissant à la constitution des scénarios finaux d'évolution possible des ruralités.

Enfin, dans un quatrième temps, les scénarios ont commencé à être utilisés comme outil d'exploration, afin de repérer leurs implications possibles sur la gouvernance territoriale et les politiques publiques ainsi que sur l'agriculture et *in fine* pour la recherche agronomique. Deux carrefours, à Toulouse et à Dijon, ont amorcé un débat avec les chercheurs et ont suscité des discussions sur les orientations de recherche de l'Institut. Cependant, cette publication se propose d'ouvrir plus largement cette réflexion non seulement au sein de l'Inra, mais aussi avec les acteurs qui pourraient être concernés et intéressés par ces problématiques.

Chapitre 2
État des lieux des espaces ruraux

Francis Aubert, Denis Lépicier, André Torre, Lisa Gauvrit, Olivier Mora

Ce chapitre présente les données de référence à partir desquelles s'est structurée la réflexion et se sont opérés les choix du groupe de prospective. Ils concernent la démographie, les dynamiques économiques et l'occupation des sols. Au préalable, un aperçu des différents référentiels statistiques disponibles fournit un éclairage sur la diversité des définitions des espaces ruraux.

Les espaces ruraux : une diversité de définitions

Les indicateurs statistiques utilisés pour rendre compte des espaces ruraux et de leurs évolutions sont très variés et ne font pas consensus à l'échelle internationale, mais ils sous-tendent diverses façons de distinguer le « rural » et l'« urbain » et d'envisager leurs relations.

Un espace rural défini par des critères de densité

Traditionnellement, l'espace rural est défini par des critères morphologiques : faible densité de population, discontinuité du bâti, présence d'une activité agricole. L'un des premiers critères utilisé est celui de la densité de population. Ainsi, la classification mise en place par l'OCDE (Organisation de coopération et de développement économiques) considère qu'une communauté de base – en France, il s'agit du canton – est rurale si sa densité est inférieure à 150 habitants au kilomètre carré. L'OCDE utilise un second critère pour qualifier une région : elle est considérée comme « essentiellement rurale » si plus de 50 % de sa population vit dans des communautés rurales, comme « essentiellement urbaine » si moins de 15 % de la population vit dans des communautés rurales, et comme « intermédiaire » pour le reste (OCDE, 2006). Comme le montre la figure 1, qui donne la déclinaison de cette classification pour les pays européens, cela revient à considérer qu'une grande partie de la France, pays où la densité est relativement faible, est rurale. La France se distingue en effet par un faible poids des régions « essentiellement urbaines ».

Les communes rurales en France

L'Insee utilise une définition relativement proche, où les communes rurales sont définies par la négative, comme une catégorie résiduelle des communes qui ne sont pas urbaines. Les communes urbaines possèdent au moins 2 000 habitants agglomérés, isolément ou par ensemble communal ; les autres communes sont dites rurales. À ce titre, 14,3 millions de français résidaient en 1999 dans des communes rurales recouvrant 82 % du territoire métropolitain, tandis que 44,2 millions résidaient dans des communes urbaines.

Un espace rural défini par des relations fonctionnelles avec des espaces urbains

Avec le souci de différencier les espaces en fonction de leurs relations aux unités urbaines et de définir des entités territoriales fonctionnelles et dynamiques, l'Insee a élaboré en 1997 un zonage en aires urbaines et en aires d'emploi de l'espace rural, (voir encadré 2 « Le zonage en aires urbaines et en aires d'emploi de l'espace rural »). Cette approche statistique, de nature fonctionnelle (Caruso, 2002) qualifie les espaces de faible densité selon l'intensité du lien fonctionnel qu'ils entretiennent avec la ville. Ce lien est mesuré par des effectifs d'emploi dans les centres urbains et par l'intensité des déplacements quotidiens entre le domicile à la périphérie de la ville et le lieu de travail dans le centre urbain. Les espaces de relation où sont concentrés des flux d'actifs et des lieux de résidences sont appelés des aires urbaines. L'espace dit « à dominante rurale » est encore une fois un espace résiduel, ce qu'il reste une fois définies les aires fonctionnelles d'influence des villes, même si les pôles ruraux (regroupant plus de 1 500 emplois) permettent de dupliquer la partition établie au sein de l'espace à dominante rurale.

Selon le recensement de 1999 et son traitement selon le zonage défini plus haut (Figure 2), l'espace à dominante urbaine regroupe 82 % de la population, soit 48 millions d'habitants, et couvre 41 % du territoire. Ce zonage revient donc à classer plus du tiers de l'espace métropolitain dans l'espace à dominante urbaine. Compris à l'intérieur des aires urbaines, l'espace périurbain – qui inclut les communes des couronnes périurbaines et les communes multipolarisées – rassemble 12,3 millions d'habitants, soit 21 % de la population française métropolitaine, dont 78 % sont migrants alternants (individus effectuant des déplacements quotidiens entre leur domicile et leur lieu de travail). Enfin, les pôles urbains regroupent 35,7 millions de personnes. La part de la population de France métropolitaine vivant dans une aire urbaine s'élève à 77 %. L'espace à dominante rurale rassemble 18 % de la population, soit 10,5 millions d'habitants, et occupe 59 % du territoire. Les pôles ruraux regroupent un peu moins d'un tiers de la population de l'espace à dominante rurale.

Encadré 2
Le zonage en aires urbaines et en aires d'emploi de l'espace rural (ZAUER)

Espace à dominante urbaine

Il comprend :

– les pôles urbains. Ce sont des unités urbaines offrant 5 000 emplois ou plus et n'appartenant pas à la couronne périurbaine d'un autre pôle urbain ;

– les communes des couronnes périurbaines. Ce sont des communes rurales ou unités urbaines dont au moins 40 % de la population résidente ayant un emploi travaille dans le pôle ou dans des communes attirées par celui-ci ;

– les communes multipolarisées. Ce sont des communes situées hors des aires urbaines dont au moins 40 % de la population résidente ayant un emploi travaille dans plusieurs aires urbaines différentes, sans dépasser ce seuil de 40 % avec une seule d'entre elles, et qui forment avec elles un ensemble d'un seul tenant.

L'aire urbaine est formée du pôle urbain et des communes de sa couronne périurbaine.

Espace à dominante rurale

Il se définit comme l'ensemble des communes qui ne se situent pas dans l'espace à dominante urbaine. Au sein de cet espace, sont définies des aires d'emploi de l'espace rural. Une aire d'emploi de l'espace rural est composée d'un pôle d'emploi de l'espace rural et de sa couronne.

L'espace à dominante rurale comprend :

– des pôles d'emploi de l'espace rural. Ce sont des communes n'appartenant pas à l'espace à dominante urbaine et offrant 1 500 emplois ou plus ;

– des communes de la couronne d'un pôle d'emploi de l'espace rural. Elles représentent l'ensemble des communes n'appartenant pas à l'espace à dominante urbaine dont 40 % ou plus des actifs résidents vont travailler dans le reste de l'aire d'emploi de l'espace rural ;

– d'autres communes de l'espace rural qui composent l'ensemble des communes rurales restantes.

Des espaces périurbains aux caractéristiques rurales

La comparaison des résultats du zonage (type ZAUER) avec ceux de la classification des communes rurales et urbaines fait apparaître une première particularité des espaces ruraux. Alors que plus du tiers de l'espace métropolitain est classé dans l'espace à dominante urbaine, 90 % des communes périurbaines répondent aux critères classiques de définition d'une commune rurale. Ces communes rurales regroupent 63 % de la population périurbaine (Tableau 1).

Outre leur lien avec les dynamiques urbaines, les communes périurbaines ont fréquemment des paysages ruraux et une grande part de leur superficie est consacrée à un usage agricole. D'ailleurs, selon une enquête du Credoc (Centre de recherche pour l'étude et l'observation des coûts) portant sur les Français et l'espace rural, « *l'immense majorité des résidents des couronnes périurbaines considèrent qu'ils vivent dans le rural* » (Bigot et Hatchuel, 2002). Ainsi, la plupart des espaces périurbains sont donc également perçus et vécus comme des territoires ruraux par leurs habitants.

Tableau 1. Répartition des communes rurales et urbaines dans la classification ZAUER.

Espaces différenciés		Répartition en millions d'habitants		
		Communes urbaines	Communes rurales	Total
Espace à dominante urbaine	Pôles urbains	35,7	néant	35,7
	Communes périurbaines*	4,5	7,8	12,3
	Total	40,2	7,8	48
Espace à dominante rurale		4	6,5	10,5
Total		44,2	14,3	58,5

* comprend les communes de la couronne périurbaine et communes multipolarisées.
Source : Insee, Recensement général de la population, 1999 (d'après O. Piron, 2006).

Des espaces ruraux irrigués par des bourgs ruraux et des petites villes, définis par des bassins de vie

Élaboré par l'Insee en 2003 afin d'analyser la structuration de l'espace rural en France, le zonage en bassins de vie (Insee, 2003) constitue une autre manière d'appréhender l'espace rural. Ce référentiel rural élargi est plus en adéquation avec les conceptions que se font les Français de la campagne. Ceux-ci considèrent en effet que de nombreuses communes de l'espace périurbain ou des pôles urbains sont rurales. Ce référentiel regroupe avec l'« espace à dominante rurale », l'ensemble des communes périurbaines et les pôles urbains de moins de 30 000 habitants. Ainsi délimité, le territoire rural recouvre 79 % de la superficie du pays et abrite un peu plus du tiers de sa population (36 %) (Blanc *et al.*, 2007). Le bassin de vie correspond au « *plus petit territoire sur lequel les habitants ont accès à la fois aux équipements courants et à l'emploi* ». L'espace rural (référentiel élargi) est ainsi constitué de 1 745 bassins de vie qui intègrent à la fois des espaces ruraux et des espaces urbains. Cette composition traduit notamment le fait que les bourgs et les petites villes forment l'armature rurale des territoires ruraux, qui permet aux individus qui y habitent d'accéder aux emplois et aux services.

Conclusion

L'examen de ces définitions a encouragé le groupe de travail à poursuivre ses réflexions sur de nouvelles grilles de lecture des espaces ruraux, sans adopter une définition statistique particulière. En effet, il est apparu qu'il était difficile, aussi bien pour les territoires périurbains que pour les territoires irrigués par des bourgs ruraux et des petites villes, d'envisager les évolutions de l'espace rural *stricto sensu* et qu'il était préférable de s'intéresser aux systèmes de relations entre urbain et rural.

Éléments de cadrage quantitatifs sur les espaces ruraux

Démographie : la fin de l'exode rural

Le mouvement d'exode rural a marqué l'évolution démographique des espaces ruraux français depuis la fin du XIXe siècle, et a conduit à une forte concentration urbaine. Alors que 80 % de la population française vivait dans des communes rurales de moins de 2 000 habitants (agglomérées et non rattachées à des agglomérations) entre 1860 et 1870 (Hervieu, 2008), la population des communes rurales ne s'élevait plus qu'à 24 % de la population totale en 1999.

Au début des années 1970, la désertification des campagnes semble un phénomène inéluctable (Tableau 2). Pourtant, de 1975 à 1982, un mouvement inverse de migrations résidentielles vers les espaces ruraux s'amorce : il touche les communes rurales situées à proximité d'aires urbaines en croissance, qui bénéficient alors de la périurbanisation des ménages et des activités. Mais si le solde migratoire des communes rurales devient positif à proximité des villes, cela ne compense pas pour autant un déficit naturel important qui persiste dans les espaces ruraux plus lointains.

Tableau 2. Bilan naturel et solde migratoire de 1962 à 1999 par catégorie d'espace (d'après les délimitations ZAUER 1990, en millions d'habitants).

Période	Pôles urbains		Communes périurbaines		Espace à dominante rurale		France métropolitaine	
	Bilan naturel	Solde migratoire	Bilan naturel	Solde migratoire	Bilan naturel	Solde migratoire	Bilan naturel	Solde migratoire
1962-1968	+ 1,455	+ 1,78	+ 0,197	− 0,005	+ 0,261	− 0,401	+ 1,912	+ 1,374
1968-1975	+ 1,833	+ 0,664	+ 0,149	+ 0,529	+ 0,074	− 0,37	+ 2,056	+ 0,824
1975-1982	+ 1,484	− 1,005	+ 0,13	+ 1,049	− 0,128	+ 0,214	+ 1,486	+ 0,258
1982-1990	+ 1,682	− 0,666	+ 0,259	+ 0,888	− 0,113	+ 0,231	+ 1,828	+ 0,452
1990-1999	+ 1,722	− 0,877	+ 0,314	+ 0,498	− 0,163	+ 0,41	+ 1,872	+ 0,031

Source : Insee Première n° 726, juillet 2000 (d'après RGP, 1999).

Sur la période 1990-1999, les migrations résidentielles se sont également affirmées dans les communes de l'« espace à dominante rurale » ; ainsi, les communes du rural isolé ont connu un solde migratoire positif. À l'échelle européenne, il semble qu'à cette époque le rural français soit sorti des formes historiques de dépeuplement qui prévalaient encore en Espagne ou en Irlande. Toutefois, il n'a pas bénéficié d'une croissance démographique généralisée comme celle qu'a alors connu l'Allemagne, ni des phénomènes de croissance loin des villes identifiés en Angleterre (Le Bras, 2007).

Les évolutions depuis 1999 (selon les enquêtes de recensement 2004-2005) confirment le retournement de tendance par rapport à la période d'exode rural : le taux de croissance de la population dans les communes rurales est désormais supérieur à celui des communes urbaines. La croissance se porte désormais dans des zones proches des limites extérieures des aires urbaines, mais se renforce également dans les espaces ruraux éloignés.

Ainsi, c'est désormais « *au sein des communes rurales de l'espace à dominante urbaine que se porte aujourd'hui la croissance démographique, là où l'on se trouve à la fois dans un cadre de vie rural et dans la zone d'attraction d'un ou plusieurs pôles urbains* » (Redor, 2006). Dans l'espace à dominante rurale, le rythme de croissance de la population est passé d'une situation de stabilité en 1990, à une croissance de 0,7 % par an. L'accélération de la croissance concerne la plupart des communes de cet espace et n'est que faiblement dépendante de la distance au centre d'une aire urbaine, comme on peut le constater sur la figure 3.

En conclusion, l'essentiel de l'augmentation de la population est concentré dans les zones d'influence des villes, le long des axes de communication, avec des dynamiques de croissance des espaces ruraux plus fortes dans l'Ouest, le Centre et le Sud du pays. Cependant, il existe encore des zones où on observe un déclin de la population, notamment dans le Nord et l'Est où cinq départements continuent de perdre des habitants.

Si la périurbanisation demeure le phénomène dominant et si les communes concernées fournissent la contribution la plus forte à l'accroissement de population, c'est désormais au sein des espaces ruraux plus éloignés que l'accélération de la croissance démographique est la plus forte. L'attractivité de ces espaces pour les individus est un phénomène nouveau et relativement inattendu.

Emploi et dynamiques économiques dans les espaces ruraux

Une structure des activités rurales qui a connu de profondes transformations

La distribution géographique des activités et des emplois a fait l'objet d'un vaste mouvement de concentration dans les espaces urbains, plus accentué encore que celui qui a concerné la population. La structure des activités rurales, fondées essentiellement sur l'agriculture au début du XXe siècle, puis à partir des années 1950 sur les activités manufacturières les plus traditionnelles et les moins qualifiées, a été sensible aux gains de productivité du travail et au caractère de plus en plus déterminant des conditions d'innovation et de mise en marché. Bien que toujours marquée par les spécialisations anciennes, la structure des activités rurales a connu de profondes transformations.

En premier lieu, l'agriculture a perdu son rôle prépondérant : elle représente aujourd'hui moins d'un emploi rural sur dix (8 % en 1999 dans l'espace à dominante rurale). Le recul de l'emploi explique pour une large part le déclin de l'emploi rural ; en effet, hors agriculture, l'emploi rural est en croissance. Toutefois, si l'on considère tous les emplois qui en dépendent (production agricole proprement dite, transformation agroalimentaire, commerce de gros alimentaire, etc.), ce secteur représente encore environ le cinquième des emplois ruraux.

Par ailleurs, ce sont les régions rurales qui dépendent le plus fortement de l'emploi industriel. Les ouvriers y constituent le premier groupe socioprofessionnel, et la part des emplois industriels localisés en commune rurale croît, pour représenter près d'un emploi sur quatre. Toutefois, l'industrie rurale subit les effets des restructurations, et ce, d'autant plus directement qu'elle est orientée sur des activités utilisatrices de main-d'œuvre et à faible capacité d'innovation technique. Cependant, les implantations rurales résistent, grâce notamment aux délocalisations en provenance des villes qui alimentent des flux d'arrivée d'établissements à la campagne. Les avantages comparatifs des espaces ruraux tiennent, en plus des ressources fixes, aux caractéristiques de la main-d'œuvre et de l'organisation locale.

Mais ce sont les activités tertiaires qui ont le plus progressé : elles occupent à présent une position prépondérante dans la structure de l'emploi rural, grâce au développement des services (notamment des services aux personnes[2]). Les activités tertiaires assurent maintenant le plus gros des emplois et de leur dynamique (plus de 50 % au niveau français, 42 % dans l'espace à dominante rurale mais avec une croissance annuelle de 2 %). Ces activités sont tournées vers la demande locale, qui dépend du revenu disponible des résidents et de la part de ce revenu qui est dépensée localement. Cette économie résidentielle est directement reliée aux dynamiques démographiques : elles dépendent à la fois des variations de population et de l'attractivité des territoires ruraux.

Une affirmation de l'économie résidentielle dans les territoires ruraux

L'analyse économique par bassin de vie fait apparaître la grande diversité des orientations économiques des territoires ruraux. La comparaison entre l'orientation économique des bassins de vie en 1990 et en 1999 (Figure 4) montre une forte chute des bassins agricoles et industriels, au profit d'une orientation résidentielle qui devient nettement majoritaire (60 % des bassins). Toute chose étant égale par ailleurs, la croissance de l'emploi semble plus forte à proximité des grands pôles urbains et la dynamique démographique locale influence positivement le développement des activités économiques (Blanc *et al.,* 2007).

Les dépenses des migrants alternants et des touristes, les retraites, les traitements des fonctionnaires, les allocations, prestations et minima sociaux sont des revenus qui alimentent les économies locales indépendamment de leur capacité productive dans les secteurs primaires et secondaires. Ainsi, le développement d'un territoire dépend-il aujourd'hui de manière significative de sa capacité à capter ces revenus « mobiles » tout autant qu'à produire des biens pour les marchés extérieurs. Sans disposer des atouts des métropoles, certains espaces ruraux voient ainsi progresser rapidement leurs emplois, s'améliorer les revenus des habitants, venir s'installer de nouvelles populations… Ces dynamiques de développement résidentiel participent du processus de revitalisation de certains territoires pour lesquels l'enjeu est à la fois de créer et de capter des richesses, mais également de favoriser la circulation de ces revenus localement. L'enjeu de maintien des commerces et des services est donc primordial pour ces territoires (Talandier, 2008).

L'émergence d'une économie présentielle

Avec le développement de la mobilité des individus, notamment à des fins touristiques, la population « présente » en un lieu est différente de la population « résidente » comme on peut le constater sur la figure 5. Le fonctionnement de l'économie résidentielle est modifié par ces évolutions car la population réellement présente[3] sur les territoires devient variable, elle est « *formée pour partie de résidents et pour partie de séjournants. Cette évolution crée une dissociation marquée entre temps et lieux de production et temps et lieux de consomma-*

---

[2] Comprenant les commerces de détail, les services marchands aux particuliers, les services administrés (santé, éducation, social) et les administrations publiques.

[3] La définition de la population « présente » un jour donné dans un territoire donné est la suivante : population résidente – résidents en voyage ce jour donné hors du territoire + touristes présents ce jour.

tion » (Terrier, 2006). Cela a amené Christophe Terrier à proposer, dans le prolongement des réflexions sur l'économie résidentielle développées par Laurent Davezies, le terme d'« *économie présentielle* » pour décrire les activités économiques et les besoins de service générés par la population présente sur un territoire.

Ainsi, les espaces ruraux sont le lieu de mutations importantes des activités économiques. Ces évolutions conduisent à des configurations économiques locales très diversifiées et sont étroitement associées à des recompositions sociales profondes dans les territoires ruraux.

L'occupation du territoire en France et son évolution

Évolution de l'occupation du territoire

En France métropolitaine, l'agriculture occupe 59 % du territoire, la forêt 26 %, les milieux semi-naturels, les zones humides et milieux aquatiques 10 %, et les espaces artificialisés représentent 5 % des surfaces, selon la nomenclature CORINE Land Cover[4]. L'activité agricole continue donc d'avoir une forte emprise sur l'espace rural et joue un rôle prépondérant dans la multifonctionnalité des espaces ruraux et dans leur structuration (Tableau 3). Ces modes d'occupation ne sont cependant pas figés dans le temps ; entre 1990 et 2000, 2 % du territoire ont changé de mode d'utilisation (Naizot, 2005).

Tableau 3. Évolution de l'utilisation du territoire (milliers d'hectares) de 1980 à 2007.

Types d'utilisation		1980	1990	2000	2007 (prévision)
Surface agricole utilisée	Total	31 744	30 596	29 854	29 414
	Terres arables	17 472	17 774	18 308	18 293
	Superficies toujours en herbe	12 850	11 437	10 251	9 937
	Vignes, vergers, autres	1 422	1 385	1 294	1 234
Peupleraies, bois et forêts		14 614	15 026	15 406	15 565
Territoire non agricole		5 804	6 480	7 023	7 374
Surface totale IGN		54 909	54 909	54 909	54 909

D'après SCEES, Enquête « TERUTI », calculs des auteurs.

Des espaces forestiers en progression

En progression, la forêt gagne de l'espace sur les landes et les friches, et de façon marginale sur les terres agricoles. Elle a augmenté en moyenne de 30 000 ha par an sur la période 1993-2004, progressant surtout en montagne et dans les zones rurales profondes, participant parfois de la fermeture du paysage.

---

[4] La base de données géographique CORINE Land Cover est produite dans le cadre du programme européen CORINE, de coordination de l'information sur l'environnement.

Des surfaces agricoles en recul, entre pression urbaine et déprise agricole

Les terres agricoles ont tendance à régresser, en raison de l'abandon des terres en zones de recul de l'activité agricole et surtout du développement urbain (Bimagri, 2006). Globalement, entre 1990 et 2005, la surface agricole utile a diminué de 66 000 ha par an, au profit des sols artificialisés (42 500 hectares par an), des forêts (16 700 hectares par an) et des friches (16 400 hectares par an), avec toutefois un ralentissement du rythme de transformation depuis 2000 (50 000 ha par an).

Des sols artificialisés en expansion

Les sols artificialisés (bâtis, non bâtis, routes et parkings) connaissent une expansion rapide. D'après l'enquête Teruti[5], les zones artificialisées ont progressé de 17 % entre 1993 et 2004. L'usage résidentiel et la progression des infrastructures de transports ne sont pas seuls responsables de ces évolutions : la forte progression des surfaces consacrées aux bâtiments industriels et l'expansion des zones d'activité en périphérie des villes y contribuent également très fortement. L'accroissement des zones urbanisées est particulièrement prononcé en périphérie des grands centres urbains en expansion, dans les corridors fluviaux, autour des grands axes de transports, et surtout sur les littoraux.

Occupation de l'espace et enjeux environnementaux

L'expansion des zones artificialisées, qui revêt généralement un caractère irréversible, a de nombreuses incidences sur l'environnement : perte de ressources naturelles et agricoles, consommation d'espaces fragiles (prairies, littoral, zones humides…), mitage de l'espace agricole, augmentation des risques d'inondation, dégradation des paysages, fragmentation des habitats par les grandes infrastructures de transport… En particulier, l'émiettement de l'espace entrave la continuité des réseaux écologiques, qui garantissent la circulation et le développement des espèces et des habitats, et l'adaptabilité des écosystèmes aux changements environnementaux (Ifen, 2006).

Mais en matière d'occupation de l'espace, le processus d'artificialisation n'est pas seul porteur d'enjeux environnementaux. Par exemple, au cours des dernières années, les prairies et les zones agricoles hétérogènes[6] ont fortement régressé, au profit des terres arables et des friches principalement. Cette évolution, liée à la spécialisation et à la simplification des paysages agraires, marque le recul d'espaces particulièrement propices à la biodiversité, à la prévention des risques « naturels » d'inondation et d'érosion, et qui participent de l'aménagement du territoire.

Une grande variété d'outils de gestion et de conservation des milieux naturels existe (parcs naturels, réserves naturelles et zones concernées par des arrêtés biotope). Parmi ces dispositifs, les parcs naturels régionaux sont au nombre de 45 et couvrent près de 13 % du territoire. Ces parcs reposent sur une gestion contractuelle d'espaces présentant un intérêt naturel, culturel ou paysager de niveau national, et s'appuient sur l'élaboration d'une charte porteuse d'un projet de territoire. Quant au réseau Natura 2000, lancé en

---

[5] Teruti est une enquête statistique annuelle menée par le Service central des enquêtes et études statistiques (SCEES) du ministère chargé de l'Agriculture. Données en ligne sur le site Agreste.

[6] Nomenclature CORINE Land Cover : la classe « zones agricoles hétérogènes » regroupe les espaces de cultures associées, de parcellaires et de systèmes culturaux complexes, diversifiés, interrompus par des espaces naturels importants ou encore agroforestiers.

1992 et s'appuyant sur deux directives européennes (« Oiseaux » et « Habitats faune flore »), il couvre aujourd'hui près de 12 % du territoire français.

Agricultures urbaines et périurbaines

L'agriculture est non seulement présente dans les espaces ruraux, mais aussi à proximité des villes, et même en leur sein. En 2000, l'agriculture de l'espace à dominante urbaine (défini par le zonage en aires urbaines, Zauer) représente entre 40 et 45 % des exploitations, de la surface agricole utilisée, et des unités de travail de l'agriculture française. Dans les communes périurbaines en particulier, les zones agricoles (au sens du CORINE Land Cover, voir tableau 4) représentent 66,5 % des superficies totales, soit une proportion supérieure à celle de l'espace à dominante rurale. De plus, près de la moitié des surfaces totales emblavées en céréales sont situées en zone périurbaine, ainsi qu'un bovin sur trois (SCEES et Gille, 2002). L'agriculture urbaine présente quant à elle des caractéristiques particulières : ce sont de petites exploitations avec une forte représentation du maraîchage, et une part importante d'actifs ayant une activité en dehors des exploitations.

Tableau 4. Occupation du sol par zones du CORINE Land Cover en fonction des catégories d'espace (ZAUER).

Catégories d'espace	Surface totale 1 000 ha	Zones urbanisées et espaces verts %	Zones indus. commer. et réseaux %	Zones agricoles %	Forêts %	Milieux semi-naturels %	Zones humides %	Surfaces en eau %
Pôles urbains	4 430	20,2	6,5	45,7	18,8	6,2	0,8	1,7
Communes périurbaines	18 049	3,6	0,7	66,5	24,3	4,0	0,3	0,7
Pôles ruraux	3 370	5,2	1,2	56,0	27,2	8,9	0,6	0,9
Autre rural	28 865	1,5	0,2	58,5	28,9	10,2	0,2	0,5

Source : Inra, Cesaer (d'après le CORINE Land Cover 2000 AEE traité par le Cemagref-DTM).

L'imbrication croissante entre espaces cultivés et espaces urbanisés n'est pas sans conséquence sur les activités, les pratiques et l'organisation du travail agricole. Mais ce sont aussi les dynamiques de prix du foncier qui sont fortement liées à la proximité des grandes villes. Ainsi, la nouvelle géographie agricole est polarisée par la ville selon une logique concentrique, et la rente foncière qui reste au cœur de ces phénomènes est désormais liée aux pressions urbaines qui s'exercent à travers les anticipations d'urbanisation (Cavailhès et Wavresky, 2007).

Les espaces ruraux à travers les conflits d'usages et de voisinages

Aujourd'hui, en France, les conflits d'usage de l'espace sont nombreux, qu'ils concernent les activités liées à l'agriculture et à l'eau, à la mise en place d'infrastructures publiques, à la gestion des pollutions et de leurs conséquences, aux problèmes d'économie résidentielle et de périurbanisation, ou encore aux effets de l'accroissement de la pression touristique dans des zones littorales ou de montagne[7] (Torre et Caron, 2005).

Si les espaces ruraux, naturels et périurbains constituent des réceptacles importants de tensions et conflits, c'est en raison de leur caractère multifonctionnel. En effet, ils servent de support à trois types de fonctions, qui induisent des usages concurrents, et donc des divergences et des oppositions entre les acteurs économiques et sociaux locaux : une fonction économique ou de production, une fonction résidentielle et récréative (la campagne comme cadre de vie, qu'il s'agisse d'un habitat permanent ou temporaire) et une fonction de conservation (protection de la biodiversité, du patrimoine naturel, culturel et paysager).

Toutefois, les injonctions sociales et politiques et la multifonctionnalité des territoires imposent aux acteurs ruraux et périurbains de se concerter pour utiliser l'espace, gérer l'environnement, les paysages et les productions, et contribuer ainsi à différencier les territoires. Les interactions et tensions entre acteurs locaux sont constitutives des modalités de gouvernance des territoires (Bossuet, 2006).

Les conflits liés aux usages de l'espace présentent deux caractéristiques principales (Kirat et Torre, 2008). Ce sont des signaux des mutations des économies et des sociétés contemporaines, mais également des plates-formes de prise de parole, évitant l'atonie sociale et le danger d'explosions plus profondes ou de fuite vers des territoires jugés plus accueillants (Torre et Lefranc, 2006).

Les dynamiques conflictuelles se construisent autour d'un objet, qui cristallise les désaccords entre différents acteurs. Aujourd'hui, dans les espaces ruraux et périurbains français, les désaccords se concentrent autour des objets suivants (Torre *et al.*, 2006) :
– les questions de constructibilité et de zonage. Il s'agit de l'occupation des sols et des problèmes d'urbanisme, tels que la concurrence foncière entre différents types d'activités (par exemple entre agriculture et usage résidentiel), les contestations de permis de construire, ou encore les plans d'occupation des sols et les plans locaux d'urbanisme, etc. Cet objet est particulièrement prégnant dans les zones de forte pression foncière ;
– les infrastructures. Ce sont les conflits autour des infrastructures destinées au transport, à l'énergie, à la gestion des déchets ou encore à la production industrielle, par exemple autour des lignes à haute tension, des voies de chemin de fer ou des infrastructures portuaires ;
– la chasse, avec des conflits touchant les modalités d'exercice (dates d'ouverture, espèces…), la gestion des populations d'animaux (sangliers…), ainsi que la cohabitation avec d'autres activités (résidentielle, agricole…) ;
– les externalités négatives des activités productives. Il s'agit des conflits résultant de la perception de nuisances (pollutions diverses, risques, nuisances olfactives, nuisances sonores…) par des acteurs riverains des producteurs de ces nuisances ;
– l'eau, qui constitue un objet de conflit multiforme, qu'il s'agisse de la gestion de la ressource, des risques de pollution ou de turbidité, des questions de qualité ou de potabilité, de quantité et d'accessibilité.

Si l'on raisonne par grandes zones morphogéographiques, les conflits d'usage du sol présentent des caractéristiques différentes selon les aires dans lesquelles ils prennent

---

[7] André Torre et l'équipe « Proximités » au sein du laboratoire Sadapt ont réalisé dans le cadre de la prospective une analyse des conflits d'usages et de voisinages, afin de détecter des tendances d'évolution des espaces ruraux, les changements à l'œuvre dans les usages, les recompositions sociales.

naissance. Dans l'espace périurbain, le volume de « conflictualité » est important en raison des intentions d'usage multiples, portées par différentes catégories d'acteurs, concernant essentiellement les questions d'usage résidentiel et de foncier, d'aménagement routier et aéroportuaire, d'externalités négatives des productions et de protection du milieu naturel. En zones de montagne, c'est la question de la maîtrise du foncier qui est importante, en particulier suite à la pression touristique, ainsi que les conflits liés à la chasse et à la protection des espaces naturels. Les zones littorales sont différentes selon qu'elles sont à dominante touristique ou à dominante industrielle. Dans la première situation, ce sont les problèmes de contrôle du foncier face aux pressions d'installation d'activités résidentielles et d'infrastructures récréatives qui dominent. Dans la seconde situation, ce sont avant tout les questions de création et d'exploitation de grandes infrastructures, industrielles ou portuaires qui font problème. Pour finir, dans les zones rurales à habitat dispersé, ce sont avant tout les questions de protection des milieux naturels, de chasse et d'accès ou de servitudes qui apparaissent comme centraux.

Enfin, les conflits sont les révélateurs des résistances aux politiques de zonage qui caractérisent l'espace national. Ils montrent en effet que bon nombre d'opérations mises en place par les pouvoirs publics et certains acteurs privés visent à compartimenter le territoire français en zones différentes, avec leurs propriétés et leurs fonctionnalités propres, et donc avec une réduction du nombre d'usages sur ces zones. Les conflits traduisent alors les résistances des acteurs à ces politiques de zonage, et révèlent l'existence de quatre grands types de zones :

– les zones en voie d'extension urbaine, qui révèlent la dynamique de progression de l'urbanisation et traduisent un effacement progressif de la distinction rural-urbain. Ces zones, certainement, les plus dynamiques aujourd'hui, sont situées en périphérie des grandes, moyennes et petites villes, mais aussi sur le littoral ;

– les zones agricoles à habitat rural dispersé, qui concernent la plus grande surface du territoire, et dans lesquelles l'activité de production agricole (intensive ou extensive) et l'exploitation forestière sont prédominantes ;

– les zones en voie de patrimonialisation, telles que des zones de montagne (sommets), paysages ou espaces remarquables (parcs, réserves, villages) et des zones littorales (côtes, îles, fonds marins), qui font l'objet d'une activité de protection, de préservation ou de réserve ;

– les zones réceptacles des activités à forte externalités négatives, qui abritent des activités de stockage des déchets, d'épandages, ainsi que des infrastructures de transport et de production d'énergie, et coïncident souvent avec des espaces de forte exclusion sociale.

Des recompositions démographiques, économiques, d'occupation de l'espace sont en cours dans les espaces ruraux. Elles mettent en jeu de fortes évolutions des relations entre villes et campagnes : migrations résidentielles, urbanisation, économie résidentielle, tension sur les usages de l'espace etc., et elles rendent inopérante la distinction classique entre urbain et rural. Ces évolutions conduisent donc la réflexion prospective à dépasser cette dichotomie, et invitent à réexplorer la notion même de « ruralités » dans ses acceptions plurielles. Aussi, le groupe de travail de la prospective Nouvelles ruralités a poursuivi sa réflexion en se focalisant sur les ruralités, afin de pouvoir définir les éléments déterminants de leur évolution, et de bâtir des hypothèses sur le devenir des territoires ruraux.

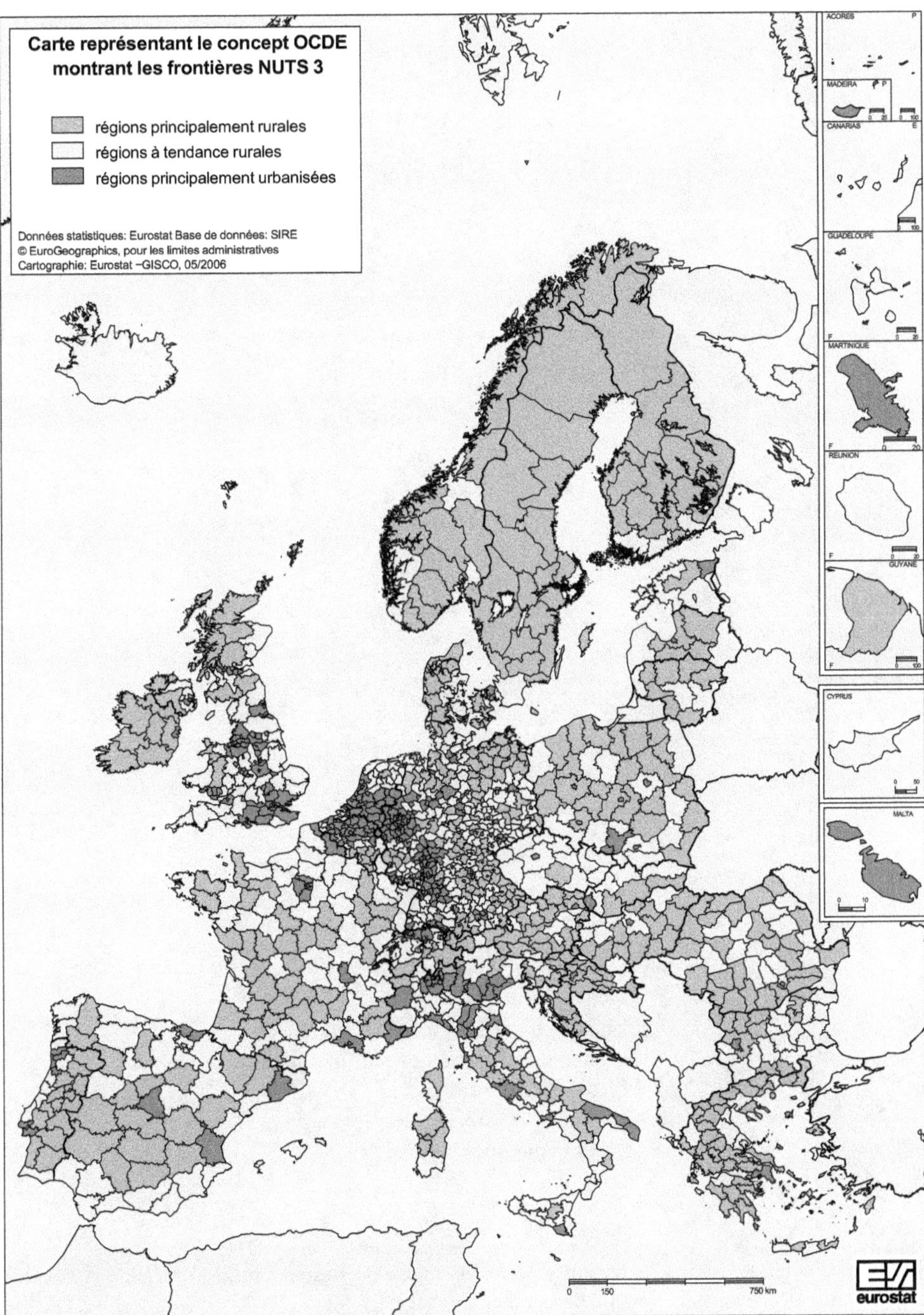

Figure 1. Classification des régions urbaines et rurales selon les définitions de l'OCDE Découpage NUTS 3, i.e. au niveau des départements pour la France (source : annuaire Eurostat).

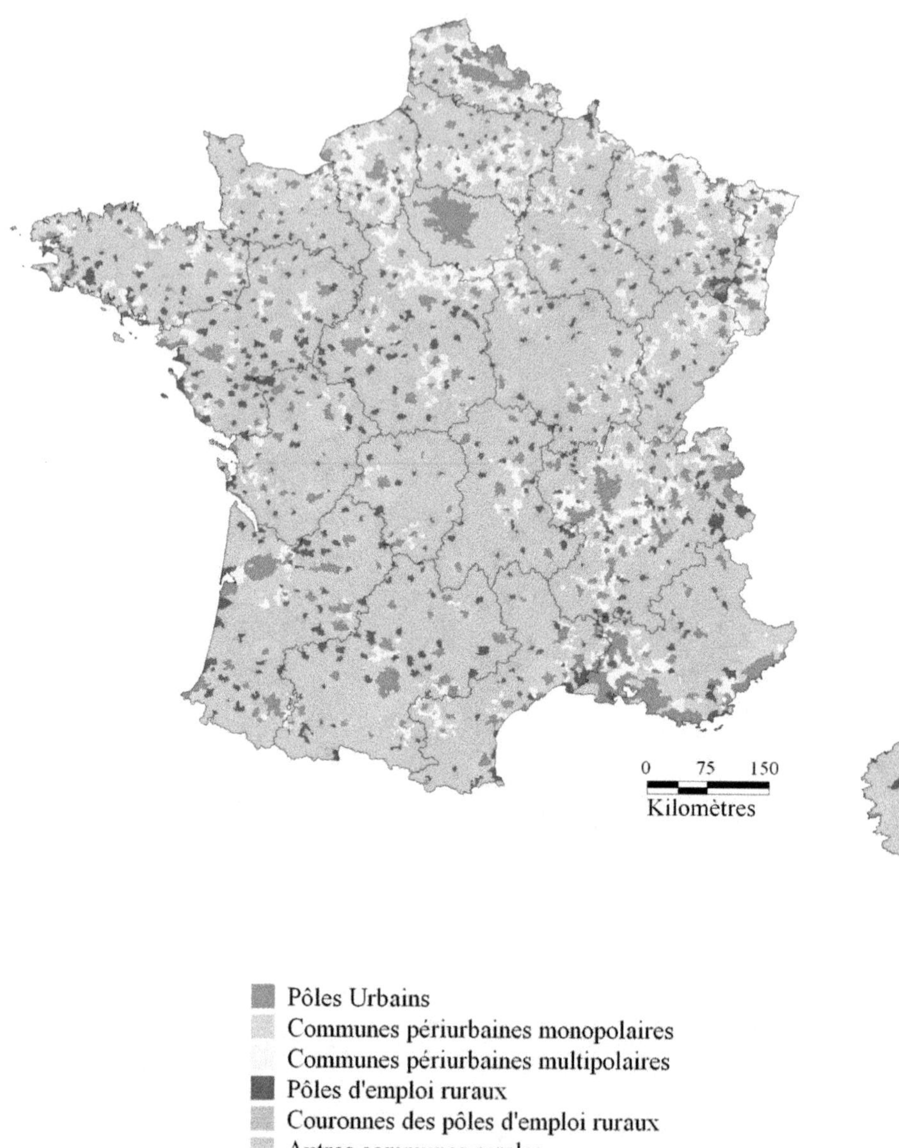

Figure 2. Zonage en aires urbaines et en aires d'emploi de l'espace rural (ZAUER), (CESAER d'après Insee, Recensement général de la population, 1999).

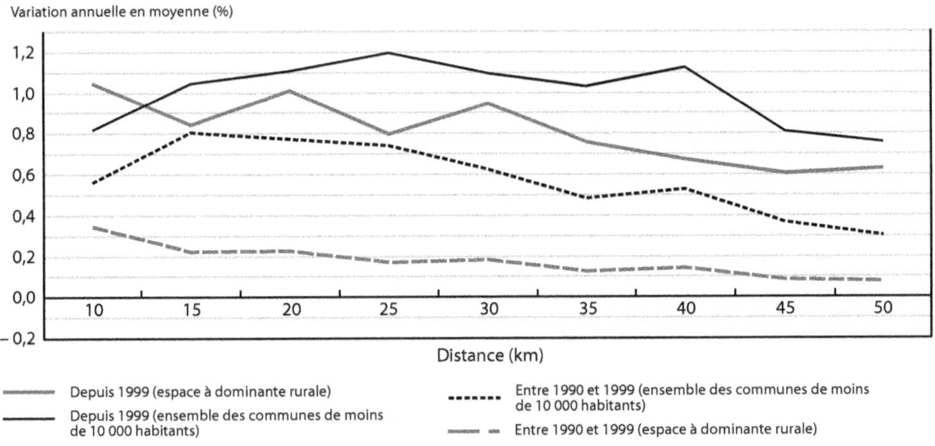

Figure 3. Évolution de la population des communes de moins de 10 000 habitants en fonction de la distance aux aires urbaines (source : Insee, recensements de 1990 et 1999, enquêtes annuelles de recensement de 2004 et 2005).

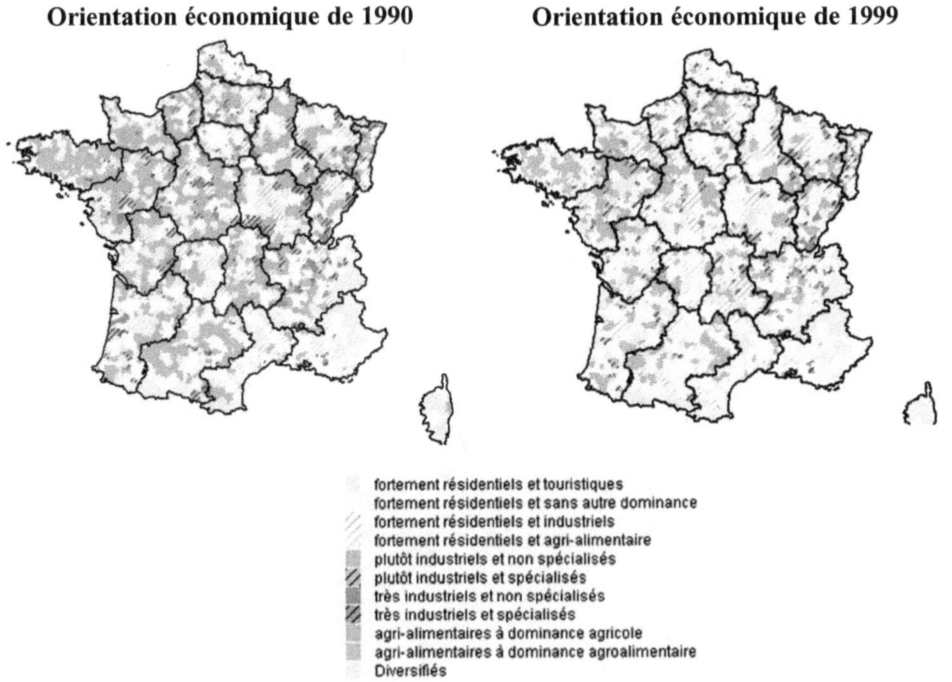

Figure 4. Répartition des bassins de vie selon leur orientation économique.

Source : Blanc M., Schmitt B., Ambiaud E. (collab.), 2006. Orientation économique et croissance locale de l'emploi dans les bassins de vie des bourgs et petites villes. Miméo préparé pour *Économie et Statistique*, 21 p.

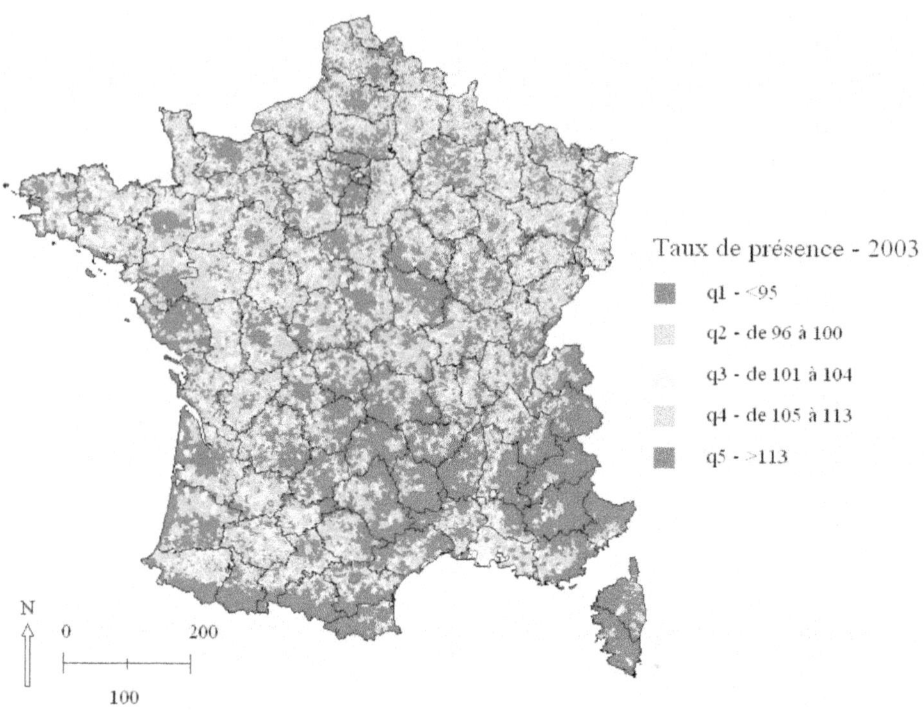

Figure 5. Taux de présence (%, discrétisation en quintiles) en 2003 dans les communes françaises métropolitaines. Calcul d'après les données du ministère du Tourisme, de l'Insee et de la DGI (source Talandier, 2007).

Chapitre 3
Évolution des ruralités :
tendances lourdes et signaux faibles

Olivier Mora, Édith Heurgon, Lisa Gauvrit avec la contribution de Guy Loinger

Pour identifier les grandes tendances de l'évolution des ruralités, une première phase du travail a consisté en une analyse bibliographique générale, notamment en s'appuyant sur les études prospectives antérieures. Il s'agit en premier lieu de la prospective menée par la Datar (Délégation à l'aménagement du territoire et à l'action régionale), pilotée par Philippe Perrier-Cornet et Bertrand Hervieu, portant sur les évolutions possibles des espaces ruraux à l'horizon 2020. D'autres études prospectives ont été utilisées, en particulier le rapport du groupe Perroux au Commissariat général du Plan dirigé par El Mouhoub Mouhoud, ainsi que des prospectives européennes telles que Newrur, (2004), Prélude (2006), Scar (2007) et Scenar 2020 (2007), la prospective du groupe de La Bussière « Agriculture et environnement » (2006), et celle sur « L'agriculture à la recherche de ses futurs » sous la direction de Philippe Lacombe (2002).

Ces analyses ont été mises en débat dans le groupe de travail. Elles ont été complétées par des travaux spécifiques sur des territoires afin d'identifier des tendances émergentes ou des signaux faibles. Les réflexions ont été également alimentées par les travaux de recherche menés dans le cadre du laboratoire du CESAER et par les publications récentes de l'Insee relatives aux recensements de la population. Partant de ces éléments, les débats du groupe de travail ont conduit à la définition d'une grille d'analyse des ruralités et à la formulation d'hypothèses d'évolution des ruralités à l'horizon 2030 (voir chap. 4 « Les scénarios de la prospective Nouvelles ruralités », tableau 5).

Les ruralités : une notion polysémique et controversée

Perspectives historiques

Dans la conception historique de la collectivité rurale (Jollivet et Mendras, 1971), une société rurale était déterminée par une relation étroite entre un espace local et un groupe d'individus. S'opposant alors strictement à l'urbain qui était le lieu de la modernité, le rural était caractérisé comme le lieu d'activités agricoles et artisanales réalisées par des populations vivant en quasi-autarcie et attachées à un territoire. À travers la « Fin des paysans » (Mendras, 1967), les sociétés rurales disparaissent « *avec le processus qui voit les forces conjuguées de l'industrialisation et de l'urbanisation intégrer progressivement les campagnes dans un système économique et sociopolitique unifié* » (Mormont, 1996). La modernisation de l'agriculture permet alors la transformation du rural en un espace agricole destiné à la production de denrées alimentaires. Accompagnant ces évolutions et le mouvement d'exode rural, la prise en compte des espaces ruraux dans les politiques d'aménagement du territoire répond au « *souci d'aménager au mieux le territoire national* » en tirant les populations rurales « *vers la modernité incarnée par le développement des villes* » (Perrier-Cornet, Hervieu, 2002)[1].

Dans les années 1990, les travaux de Bertrand Hervieu et Jean Viard (1996) ont mis en cause la superposition entre un espace rural et une société locale pour développer une approche constructiviste de la ruralité (Blanc, 1997), en distinguant « *les catégories de sens – urbanité et ruralité – et les réalités géographiques – la ville et la campagne* » (Sencébé, 2002). Ils constatent alors un « *triomphe de l'urbanité* » dans les campagnes qui se traduit par une généralisation des modes de vie urbain sur l'ensemble du territoire (confirmée par les enquêtes du Credoc sur les pratiques de consommation). « *L'hypersédentarité (...) de la ruralité* » s'est effacée sous l'effet de la généralisation de la « *mobilité urbaine* ».

Mais c'est aussi l'assimilation de l'espace rural à un espace strictement agricole qui est questionnée, sous l'effet de la diminution de la population agricole dans les espaces ruraux et de la montée de nouvelles attentes qui investissent ces espaces de valeurs (patrimoine, écologie, identité) et de fonctions (entretien du paysage, productions de qualité, protection de l'environnement)[2].

Pour sa part, le géographe Bernard Kayser (1993) formule l'hypothèse d'une renaissance rurale des campagnes en rupture avec la tendance longue d'exode rural. Analysant les résultats du recensement de 1999, Philippe Perrier-Cornet et Bertrand Hervieu soulignent à leur tour les recompositions sociales des espaces ruraux, notamment périurbains, sous l'effet des migrations résidentielles : ils signalent l'apparition d'une figure de la campagne « cadre de vie » (Perrier-Cornet et Hervieu, 2002 ; Torre et Filippi, 2005) qui s'impose comme composante majeure de l'évolution des ruralités.

Les ruralités, une notion complexe

L'évolution du rapport de la campagne à la modernité (Latour, 1991) oriente à chaque époque la manière de concevoir les ruralités. Longtemps reliées aux sociétés rurales puis à la prépondérance de l'activité agricole, certaines conceptions des ruralités ont perdu leurs capacités descriptives. Le paradoxe de la ruralité, qui situe cette notion au cœur de la modernité, est le suivant : alors que les modes de vie se sont unifiés, l'opposition

---

[1] P. Perrier-Cornet et B. Hervieu commentent les travaux de Maryvonne Bodiguel : Le *rural en question : politiques et sociologues en quête d'objet*. L'Harmattan, 1986.

[2] C'est cette dynamique que Bertrand Hervieu et Jean Viard désignent sous le terme de « publicisation des campagnes ».

entre urbain et rural reste centrale dans l'imaginaire. *« C'est que la représentation d'une différence entre « urbanité » et « ruralité » d'un mode de vie demeure ancrée dans les esprits de tous ceux qui cherchent par leur mobilité et migration à en associer les avantages »* (Sencébé, 2002). De plus, durant la période récente, les valeurs attachées à la ville et à la campagne se sont inversées : tandis que vivre en ville paraît de plus en plus contraignant aux individus, la campagne est désormais perçue comme un espace de liberté et d'épanouissement.

La ruralité semble ainsi en voie de reconstruction sous l'effet d'une part, de l'intérêt public pour des objets tels que les paysages agricoles ou naturels, la nature et le patrimoine, et d'autre part, des pratiques résidentielles et présentielles des espaces ruraux : les ruralités désignent ces nouveaux arrangements composites.

Alors que les anciennes conceptions des ruralités, qui restent dominantes dans les perceptions de la campagne, empêchent parfois de voir les évolutions à l'œuvre, de nombreux éléments hérités des évolutions passées des ruralités coexistent aujourd'hui à des degrés divers et s'hybrident avec des éléments en émergence dans les espaces ruraux.

Une approche prospective des ruralités

Ainsi, la notion de ruralité a évolué au cours du temps et, pour diverses raisons, constitue aujourd'hui une catégorie à redéfinir. Le groupe de travail de la prospective a fait le choix, non de construire des hypothèses d'évolution à partir de définitions fixes et exclusives du rural et de l'urbain, mais de s'intéresser aux modes de relation entre urbain et rural. Ainsi la prospective s'est attachée davantage à comprendre les nouveaux rapports entre la ville et la campagne, leurs évolutions, et la diversité des réalités territoriales qu'ils engendrent.

Nous entendrons donc par « ruralités », des dynamiques inscrites au cœur de nouveaux rapports entre ville et campagne, portant à la fois sur les transformations des espaces, sur leurs usages résidentiels, récréatifs et productifs, sur les vécus et les représentations des acteurs, sur leur rapport à la nature, au patrimoine et aux enjeux écologiques, et sur les modes de gouvernance qui s'y déploient.

Les dynamiques des territoires vécus

En parallèle à une analyse de variables macroscopiques d'évolution des ruralités, une approche empirique des territoires vécus ruraux (Frémont, 1976) a cherché à repérer des signaux faibles, voire des ruptures, par l'examen de dynamiques en cours. Ce travail s'est appuyé sur diverses contributions.

Les dynamiques vécues des territoires ruraux et de leurs usages

Le groupe a d'abord procédé à la lecture d'études et de recherches d'origines diverses et faisant appel à des disciplines variées (géographie, histoire, sociologie…), portant sur les vécus quotidiens et les usages dans les territoires ruraux (Sebillotte et Heurgon, 2007 voir annexe). Il s'agissait, au-delà des acteurs institutionnels, de saisir la capacité des ménages qui y habitent, des salariés qui y travaillent, des visiteurs qui y circulent, bref de tous ceux qui éprouvent une certaine forme d'appartenance à leur endroit, de contribuer effectivement à la transformation des territoires. La réflexion a ainsi porté sur les formes d'identité territoriale, de représentation de la campagne, sur la transformation des modes de vie en lien avec les pratiques de mobilité, sur le logement, les formes de l'habitat et les modes de gestion du foncier, ainsi que sur les rôles des divers acteurs face aux nouvelles formes de gouvernance.

Cette exploration a permis de repérer des dynamiques susceptibles de se développer dans les territoires ruraux, et a conduit à la mise en évidence de signaux faibles et de faits porteurs d'avenir – qui ont servi ensuite à la construction des scénarios.

Quelques éclairages sur des innovations sociales dans les territoires ruraux

En complément, une série d'enquêtes exploratoires (Loinger, 2007 voir annexe) a permis d'appréhender des pratiques sociales locales innovantes, atypiques par rapport aux standards habituels d'organisation, de logiques sociales et économiques des exploitations agricoles. Elles ont porté sur deux types de territoires : les uns éloignés des pôles urbains, les autres en périphérie des villes. Une quinzaine d'acteurs ou de collectifs ayant des activités orientées vers l'agriculture biologique, l'agriculture de proximité ou ayant un mode d'organisation de type coopératif, ont été interrogés.

Dans les territoires ruraux éloignés des villes, entre déclin et revitalisation, les enquêtes ont porté sur le parcours de collectifs fondés pour la plupart par des néoruraux, souvent installés depuis les années 1970. Elles ont permis d'appréhender les conditions de l'intégration locale de ces groupes, la mise en place progressive de circuits de production « alternatifs », l'effet d'un lien étroit à la nature sur les modes de production (agricoles ou autres) et les choix de vie. Ces recherches ont également exploré les modes d'implication de ces groupes dans la gouvernance locale, et notamment l'influence de certains d'entre eux sur l'affirmation de l'identité et de la singularité des territoires.

Dans les territoires proches des pôles urbains, les enquêtes ont mis l'accent sur un mouvement émergent d'alliance entre agriculteurs et habitants des villes (regroupés par exemple en associations pour le maintien d'une agriculture paysanne ou Amap). De nouveaux modes relationnels entre les urbains et les ruraux sont apparus autour d'intérêts réciproques : qualité et traçabilité des produits, débouchés assurés, maintien des paysages, du patrimoine naturel et culturel de ces territoires d'« entre deux ». Ils se traduisent souvent par une participation active de ces acteurs agricoles aux instances collectives, qui s'efforcent de peser sur les choix stratégiques effectués par les agglomérations voisines, pour les questions foncières en particulier.

Les nouvelles ruralités en devenir dans le département de la Manche

Une synthèse de la prospective *La Poste 2020* conduite sur cinq départements (Hérault, Isère, Manche, Nord, Val-de-Marne), avec pour angle d'attaque le service et le territoire, a été proposée (Heurgon, 2006 ; Heurgon, 2007 voir annexe). L'enjeu était de saisir finement les évolutions de la société et les dynamiques en cours dans les divers territoires afin de définir des futurs souhaitables pour que La Poste, à l'horizon 2020, puisse concilier sa mission de service public de proximité et son ambition d'opérateur compétitif à l'échelle européenne.

Outre des tendances d'évolution générale de la société concernant le vieillissement des populations (avec une concentration des personnes âgées dans le rural), l'accroissement des inégalités au sein de territoires contrastés, l'envolée des prix du foncier, et la croissance des mobilités tous azimuts, le principal résultat est le constat d'une grande diversité dans les modes d'occuper les territoires, qui est fonction de leur attractivité mais aussi de leur dynamique de développement spécifique.

Alors que les modes de vie se complexifient avec la désynchronisation des rythmes quotidiens dans le cadre de parentèles couvrant quatre, voire cinq générations, chacun cherche à concilier vie professionnelle, vie familiale et vie personnelle, en combinant les avantages de la ville et de la campagne, avec deux types de conséquences. On assiste d'abord à une nouvelle répartition du peuplement avec des populations actives et jeunes dans les grandes villes et des populations plus âgées au soleil, près du littoral, dans le rural (à l'origine de l'économie résidentielle). Ensuite, la « présence » devient un paramètre essentiel de la vitalité d'un territoire, elle varie avec l'attractivité et les flux migratoires[3].

Dans les cinq territoires étudiés, de nouveaux usages ont été mis en évidence permettant de formuler des perspectives souhaitables pour le département au travers de cinq situations de vie.

Cinq situations ont été étudiées dans le département de la Manche :
– bien vieillir dans un territoire disposant d'un réseau dense de petites villes et de bourgs ;
– vivre agréablement, pour une période temporaire, dans un territoire accueillant (mer, campagne) ;
– vivre en famille, à la campagne, en conciliant l'activité des adultes, la formation et l'emploi des jeunes ;
– entreprendre en valorisant les ressources d'un territoire à fort patrimoine naturel et culturel ;
– créer un patrimoine immatériel collectif pour qu'un territoire sans métropole puisse se développer durablement.

Sur ces bases, la question prospective suivante a été formulée : « Et si, compte tenu de ses atouts et des mouvements engagés, le département de la Manche était en mesure d'inventer de nouvelles formes de ruralité, porteuses d'un art de vivre apte à relever les défis du développement durable, c'est-à-dire notamment à intégrer compétitivité économique et cadre de vie ? » Ce nouvel art de vivre s'efforcerait de réaliser alors, dans le respect des processus naturels, une double conciliation : permettre aux personnes qui le souhaitent d'habiter et de travailler dans un territoire choisi ; et favoriser, dans un territoire qualifié, la cohabitation de publics et d'usages différents.

L'ensemble des contributions sur les dynamiques des territoires vécus a alimenté la réflexion et permis de dégager une grille de lecture afin d'examiner les scénarios construits à partir des usages susceptibles de se développer dans les territoires.

---

[3] Ainsi on observe une sous-présence dans l'urbain (déficit de 300 000 hab/an), un léger gain dans le périurbain et une sur-présence dans le rural (à l'origine de l'économie présentielle).

Tendances d'évolution : des dynamiques de transformations conjointes des villes et des campagnes

Le diagnostic des grandes tendances d'évolution des villes et des campagnes a permis au groupe de travail de définir les éléments majeurs à prendre en compte dans la construction des scénarios. Plusieurs tendances ont été repérées, en lien avec les évolutions des modes de vie, marquées par une importance croissante des mobilités, la répartition de la population sur le territoire, les dynamiques économiques, les transformations du rapport des individus à la nature et la gouvernance des territoires.

L'essor des mobilités

L'accroissement des mobilités est une tendance lourde, qu'il s'agisse des mobilités des personnes, des biens ou des informations. Ces mobilités qui vont de pair avec une évolution des modes de vie transforment les relations entre villes et campagnes et les rapports des individus à l'espace (Allemand *et al.*, 2004).

Les mobilités des personnes sont de plusieurs ordres : déplacements quotidiens entre lieu de travail et lieu de résidence avec un nombre de kilomètres accrus, mobilités de loisirs, mobilités résidentielles liées au cycle de vie, mais aussi migrations internationales. L'enjeu du coût des transports, dépendant de l'évolution du prix de l'énergie et de l'innovation, est particulièrement important pour le devenir de ces mobilités.

Aujourd'hui, chaque individu parcourt en moyenne chaque jour 45 km (Viard, 2006a). Selon les travaux de Jean-Pierre Orfeuil (2004), le rythme de croissance annuel des mobilités est de près de 4 % depuis une vingtaine d'années. En moyenne, chaque Français (de 6 ans et plus) parcourt aujourd'hui 15 000 kilomètres par an[4] contre 9 100 en 1982, soit une progression considérable de 60 %.

Cet accroissement est d'abord lié à une augmentation des distances parcourues entre les lieux de résidence, les lieux de travail, et les lieux de consommation et d'achat, concomitant d'un mouvement de desserrement des populations urbaines vers la périphérie. Cependant, la durée des déplacements reste globalement constante depuis 30 ans et se situe en moyenne aux environs d'1 heure par jour, grâce à la fois à l'amélioration des réseaux de transport et à l'augmentation des vitesses, tout gain de temps étant transformé en gain d'accessibilité (selon la conjecture de Zahavi). Mais ce sont aussi les mobilités de loisir notamment les week-ends et les vacances, qui se sont accrues : avec près de 40 % des distances parcourues (en 1994, enquête Transport Insee-Inrets), les déplacements liés aux loisirs représentent une part supérieure aux déplacements liés au travail dans les mobilités individuelles.

La logique des migrations résidentielles vers les espaces ruraux semble suivre pour une part les trajectoires de vie et la position des individus dans le cycle de vie. Ainsi, ce sont en majorité des jeunes couples avec enfants, des retraités, parfois des migrants européens[5], qui s'installent à la campagne ; à l'opposé, les jeunes sont nombreux à quitter la campagne

---

[4] Cela correspond à un niveau de mobilité comparable à celui des Européens.

[5] L'évolution de ces migrations européennes vers les campagnes françaises dépend notamment de l'évolution des marchés fonciers et immobiliers en France et dans les pays concernés, mais aussi de l'évolution des modes du transport, en particulier du développement de dessertes locales par des compagnies aériennes *low-cost*.

pour venir en ville. L'apparition de nouveaux âges de la vie (notamment avec l'augmentation de la durée de vie et la perspective du vieillissement de la population européenne) et la recomposition des familles contribue à une évolution de ces mobilités. Les migrations différenciées selon l'âge de la vie expriment la recherche d'espace et d'un accès au logement, l'attractivité des territoires ruraux et de façon plus générale un désir de campagne.

La périurbanisation : une tendance lourde d'évolution à l'échelle européenne

Depuis une trentaine d'années, une expansion continue des zones urbanisées s'exerce autour des pôles urbains au détriment des espaces ruraux, constituant des espaces périurbains. Cette expansion est la conséquence des mobilités résidentielles des individus. L'espace périurbain est caractérisé par un lien fonctionnel à la ville et par une morphologie rurale due à une forte empreinte spatiale du secteur agricole ou de la forêt (Caruso, 2002). Le phénomène de périurbanisation va de pair avec une croissance des aires d'influence des pôles urbains qui concentrent les emplois (Morel et Redor, 2006)[6], même si bien souvent les pôles d'emploi s'éloignent du centre des villes au profit de pôles secondaires, voire de véritables centralités périphériques (Mignot *et al.*, 2004).

En parallèle, les bourgs ruraux et les petites villes, hors des zones d'influence des grandes agglomérations, connaissent un phénomène de *rurbanisation* qui concerne des campagnes éloignées.

Un regain démographique des espaces ruraux lié à la croissance périurbaine mais aussi au nouvel attrait des campagnes

La croissance régulière de la population des espaces ruraux apparue lors des deux derniers recensements de l'Insee (recensement 1999, et estimations de population au 1er janvier 2005) témoigne d'un repeuplement de la plupart des espaces ruraux[7], qui s'affirme. Ainsi, on assisterait aujourd'hui à un début de repeuplement de la diagonale du vide (un couloir traversant la France des Ardennes jusqu'aux Pyrénées) à l'échelle de la France (Le Bras, 2007 ; Piron, 2005) qui, outre la tendance à la périurbanisation, témoigne de l'attractivité des territoires. Cette valorisation des espaces ruraux aux yeux des urbains semble témoigner, entre autres choses, de la recherche d'une certaine qualité de vie dans une société plus mobile et d'un attachement à des territoires ruraux que les individus construisent en cultivant une mémoire ancrée dans un lieu mais surtout en y inscrivant leurs projets.

Selon la proximité de pôles urbains dynamiques et la densité du maillage des villes, l'étalement de la population est différencié et donne naissance à une diversité de territoires ruraux.

Ces évolutions démographiques sont à mettre en perspective avec les projections réalisées par l'Insee à l'horizon 2030 dont le scénario central prévoit une augmentation globale

---

[6] Selon les résultats du dernier recensement, ce mouvement de périurbanisation se poursuit.

[7] Les derniers résultats des recensements de l'Insee montrent que c'est dans les zones attractives les moins denses et de plus en plus loin des aires d'influence des villes, que l'accélération de la croissance démographique est la plus sensible (Insee, 2006).

de la population de 6 millions d'habitants (Insee, 2006)[8]. La population des communes rurales pourrait être fortement concernée par ces évolutions et certains experts font l'hypothèse que, sous certaines conditions, la moitié de la population supplémentaire, soit 3 millions d'habitants, pourrait s'installer dans des communes rurales (Piron, 2006).

Le vieillissement général de la population prévu à l'horizon 2030 pourrait induire de fortes transformations, notamment dans les espaces à dominante rurale. Autour de 2030, l'accroissement de la tranche d'âge « 60 ans et plus » devrait être le plus fort, représentant alors 29,3 % de la population totale, avec l'arrivée à ces âges des générations du *baby boom*.

Un phénomène accru de métropolisation à l'échelle mondiale et une reconfiguration progressive des dynamiques économiques rurales

La mondialisation des échanges renforce la métropolisation (Veltz, 2004)[9] par l'agglomération des activités dans les grandes villes qui, se structurant en réseaux, concentrent la production des richesses, les centres de décisions des entreprises et les services supérieurs à l'échelle mondiale (Veltz, 2005). Concomitamment, la métropolisation produit un desserrement de certaines activités dans leur périphérie (industrie, logistique, agroalimentaire). De vastes aires métropolitaines se créent, où les frontières entre l'urbain et rural deviennent plus floues. Les dynamiques de métropolisation accentuent les inégalités entre les territoires et provoquent des phénomènes d'exclusion, mais leurs effets semblent tempérés par des dynamiques propres aux territoires ruraux.

Ceux-ci connaissent des dynamiques économiques diversifiées (ministère de l'Agriculture et de la pêche, 2006) et une forte recomposition des activités (Blanc *et al.*, 2007) marquées par la diminution en poids relatif des activités traditionnelles dont l'agriculture et l'agroalimentaire, par une augmentation relative du poids du secteur industriel et surtout, par l'affirmation d'une « économie résidentielle », voire présentielle, liée à la mobilité des individus. Ainsi, le dynamisme renouvelé des territoires ruraux tient, pour une large part, au fait que, selon Laurent Davezies (2008), « *la géographie de la croissance s'est peu à peu déconnectée de la géographie du développement* ». Alors que la production de richesse se concentre dans les grandes agglomérations, la population, qui ne cesse de se déployer dans l'espace, la fait circuler grâce à une redistribution privée et publique entre les territoires. Les dynamiques économiques des territoires font face à deux tendances d'évolutions concomitantes, une concentration accrue des activités dans

---

[8] Ces estimations, calculées à partir du modèle Omphale de l'Insee, à partir d'une estimation de la population au 1er janvier 2006, s'appuient sur des hypothèses révisées par rapport aux projections précédentes de 2001 : taux de fécondité de 1,9 enfant par femme (au lieu de 1,8), solde migratoire de + 100 000 personnes par an (au lieu de + 50 000), espérance de vie pour les femmes de 89 ans en 2050. Sous ces hypothèses, le scénario central de projection de population prévoit un peu plus de 67 millions en 2030, soit 6 millions d'habitants en plus par rapport à 2006. Ces évolutions correspondent à un taux de croissance annuelle de 0,39 % par an, proche du rythme observé sur la période 1990 à 1999, mais inférieur à celui estimé pour la période récente 1999-2006 (0,65 % par an).

[9] « *La métropolisation donne sa forme concrète à la mondialisation, qui se présente de plus en plus comme une économie en archipel, reliant horizontalement des grands pôles, par delà les espaces intermédiaires et périphériques* ».

les métropoles, et une diffusion des ménages sur l'ensemble du territoire qui dynamise une économie résidentielle.

Une diversification des usages des territoires ruraux fondée sur les mobilités, les temporalités et les territorialités

Avec l'explosion des mobilités (Urry, 2005), les individus et les ménages qui le peuvent deviennent « stratèges de leur temps » : ils peuvent choisir leurs lieux de vie et d'activités et en varier selon leurs projets. Pour les individus, il s'agit avant tout d'entretenir une diversité de relations avec une pluralité de territoires[10] (Vanier, 2008) qui ne sont pas forcement contigus, d'être multilocalisé et de cultiver une diversité d'inscription dans différents réseaux sociaux. La qualité différentielle des lieux, leur ambiance, les activités que l'on peut y mener et les personnes que l'on peut y rencontrer sont essentielles dans le raisonnement des pratiques de mobilité.

Cette multi-appartenance dans les pratiques individuelles va de pair avec des changements dans les temporalités (Heurgon, 2007). Les flux et reflux de personnes dans les territoires ruraux – qui se manifestent aussi par les mobilités liées aux loisirs et au tourisme – rythment les activités qui y ont lieu (les besoins des personnes y résidant), avec parfois de fortes variations cycliques (fréquentations saisonnières par exemple). Le temps de présence effective des personnes sur les territoires ruraux devient déterminant pour les activités, notamment les services.

Une pluralité de styles de vie s'affirme en lien à une multilocalisation des individus entre villes et campagnes et au développement d'une multi-appartenance territoriale. Cependant, certaines personnes, qui subissent ces évolutions, n'ont pas la capacité de maîtriser leur temps et de choisir leurs lieux de vie et de travail ; elles sont contraintes à des mobilités forcées ou même à l'immobilité, ce qui constitue un facteur d'exclusion important. À l'inverse, des mobilités d'individus socialement très homogènes sur un territoire attractif sont susceptibles de produire des phénomènes de *gentrification* (Phillips, 2005) des territoires ruraux.

La multi-appartenance est favorisée par l'essor des technologies d'information et de communication qui transforment les modes de vie, de travail, de consommation et d'échanges. Si l'on sait aujourd'hui qu'il n'y a pas substitution entre transports physiques et échanges virtuels, et si les expériences de télétravail ne sont pas encore concluantes, ces technologies peuvent être des facteurs de socialisation ou de destruction du lien social selon les usages. Dans la mesure où elles permettent d'associer au territoire physique un cyber-espace, faisant advenir un « territoire augmenté » (Diact, Musso, 2008), elles concourent à l'émergence de nouvelles formes d'attractivité et d'accessibilité des territoires.

Une prise en compte accrue des enjeux liés à la nature et à l'environnement

En relation avec la transformation des styles de vie, l'intérêt des individus pour la nature s'affirme et se généralise dans la société (cadre de vie, paysage, nature sauvage),

---

[10] « *La mobilité comme expérience sociale transforme nos territorialités* [notamment] *par les effets de discontinuité territoriale qu'elle propose* ».

s'exprimant parfois en termes de valeurs susceptibles de provoquer des conflits. Les objets de nature (biodiversité, ressources, vivant) apparaissent comme un ensemble de biens communs à préserver contre les effets négatifs des activités humaines et des technologies et sont l'objet de politiques publiques spécifiques (Billaud, 2004 ; Deverre, 2002). Cependant, ce sont aussi tous les espaces ruraux qui tendent à être reconsidérés comme des espaces naturels (Perrier-Cornet et Hervieu, 2002). Ces évolutions se traduisent fréquemment par un mouvement de patrimonialisation, d'appropriation des enjeux naturels par les individus, au sein des territoires.

Plus globalement, les enjeux environnementaux se font de plus en plus prégnants à l'échelle mondiale : le changement climatique et le contrôle des émissions de gaz à effet de serre, la gestion de l'eau, la protection de la biodiversité ainsi que la prise en compte des fonctionnalités écologiques s'imposent comme des questions centrales pour le devenir des sociétés et produisent de nouveaux enjeux pour le devenir des territoires ruraux.

Des configurations d'acteurs en recomposition et des modes de gouvernance territoriale qui se diversifient

La gouvernance des territoires connaît des évolutions, non seulement du fait des configurations d'acteurs publics et privés agissant sur les territoires ruraux, mais également des recompositions de l'action publique.

Les acteurs des territoires ruraux se diversifient : résidents permanents, multirésidents, touristes, associations, collectifs et acteurs économiques. Sous l'effet des recompositions sociales et de l'intensification des relations entre espaces ruraux et urbains, les jeux d'acteurs dans les espaces ruraux se complexifient. De nouveaux acteurs tendent à s'affirmer dans la gouvernance locale, tels que les associations de résidents ou les associations d'environnement, tandis que des acteurs traditionnels du rural (les agriculteurs notamment) connaissent un affaiblissement de leur pouvoir. Cela est particulièrement visible si l'on considère le recul du poids de la profession agricole dans la représentation politique des communes rurales (en vingt ans, le nombre de maires agriculteurs a diminué de moitié, voir Rossignol, 2007). Au sein des territoires, ruraux notamment, s'expriment ainsi de nouveaux types de divergences et de conflits et se tissent de nouvelles alliances ; ces transformations sont porteuses de configurations sociales inédites et contribuent à la redéfinition et à la diversification des dynamiques territoriales.

En termes d'action publique, la tendance générale d'évolution est à la poursuite du mouvement de décentralisation de l'État (décentralisation des compétences et des budgets). Il a pour conséquence première un renforcement de l'échelon régional, mais aussi une recomposition des échelles de gestion du territoire que traduit le développement de l'intercommunalité[11]. Elle se développe en zone urbaine, avec la création de communautés d'agglomération ou de communautés urbaines ; le pouvoir politique des grandes villes s'en trouve renforcé. Mais depuis les années 1990, les territoires ruraux connaissent aussi un fort développement des dispositifs de coopération intercommunale notamment par la multiplication de communautés de communes.

---

[11] Ce sont près de 2 500 communautés qui exercent des compétences déléguées par 34 000 communes, et bénéficient ainsi d'une échelle plus adaptée pour la fourniture des services de proximité. Les périmètres intercommunaux restent toutefois relativement exigus (en moyenne, 13 communes et 20 000 habitants, mais le tiers des établissements compte moins de 5 000 habitants), et resserrés sur des zones homogènes, en termes sociaux notamment.

Une seconde tendance qui s'inscrit également dans le mouvement de décentralisation de l'État est la territorialisation des politiques publiques. Des dispositifs d'inter-communalités (notamment les « Pays » et les parcs naturels régionaux) et des dispositifs contractuels (les programmes européens Leader par exemple) ouvrent des possibilités d'association directe et de participation des habitants, usagers et citoyens, à la définition de politiques publiques ou à l'élaboration de projets de territoire. Il faut bien noter que ces dispositifs d'action publique ne permettent pas toujours de dépasser les clivages tradi-tionnels entre la ville et la campagne. La géographie des Pays en particulier, qui prennent une forme de marguerite autour des villes[12] traduit les limites de la démarche du point de vue de l'intégration territoriale. En revanche, les Parcs naturels régionaux semblent avoir davantage réussi à associer les composantes rurales et urbaines des territoires.

Au regard des recompositions actuelles de l'action publique qui conduisent à une multiplicité de dispositifs d'action publique enchevêtrés, instituant une grande diversité de territoires d'action, la mise en relation des territoires, ou l'interterritorialité, – selon l'hypothèse défendue par Martin Vanier –, apparaît comme un enjeu nouveau des politiques publiques.

Les caractères déterminants de l'évolution des ruralités : le choix des composantes

Les évolutions, parfois contradictoires, décrites précédemment conduisent à des formes différenciées de recomposition des rapports entre villes et campagnes, nature et culture, individu et société. La démarche prospective a consisté à imaginer les traductions possibles de ces évolutions dans les territoires ruraux à l'horizon 2030, tout en concevant ces territoires, non comme autonomes mais insérés dans des dynamiques particulières de relations entre villes et campagnes.

Pour penser les ruralités à l'horizon 2030, le groupe de travail a distingué plusieurs moteurs d'évolution, qui constituent les composantes du système des ruralités. Quatre composantes ont été définies :
– mobilités dans les rapports entre villes et campagnes ;
– dynamiques économiques dans les campagnes ;
– ressources naturelles et patrimoines ;
– gouvernance des territoires ruraux.

Chacune de ces composantes regroupe plusieurs variables : par exemple, la compo-sante « Mobilités dans les rapports entre villes et campagnes » se rapporte à la fois aux mobilités pendulaires et de loisirs, aux mobilités résidentielles, aux modes de vie et à l'évolution des transports. Les hypothèses d'évolution par composante sont des combinaisons des hypothèses réalisées sur les variables décrivant chaque composante.

Un parti pris de la prospective a consisté à examiner le devenir des campagnes en partant des évolutions conjointes des villes et des campagnes : dilution des frontières entre urbain et rural dans une urbanisation diffuse ou concentration des formes urbaines, interaction entre des réseaux de villes et leurs campagnes (formes d'interterritorialité).

---

[12] Parfois en négatif des Schémas de cohérence territoriale élaborés par les agglomérations.

Le groupe de travail a fait l'hypothèse que les relations entre villes et campagnes se transformaient sous l'effet de la mobilité des hommes, des biens, et des activités.

Les mobilités des individus, les modalités de périurbanisation et l'armature urbaine des territoires ont servi à la formulation d'une première série d'hypothèses. La composante 1 « Mobilités dans les rapports entre villes et campagnes » répond à ces enjeux.

Une deuxième série d'enjeux, regroupée dans la composante 2, concerne les dynamiques économiques dans les campagnes, dont trois types ont été examinés : les dynamiques contradictoires d'agglomération et de dispersion relatives à l'économie métropolitaine, l'attractivité propre à certains territoires ruraux, et l'économie des services répondant aux attentes des individus résidant sur le territoire. Ces dynamiques ont été combinées avec celles des activités productives agricoles, agroalimentaires et industrielles, déjà existantes ou en devenir dans les territoires ruraux.

Une troisième série d'enjeux tient à la gestion des fonctionnalités écologiques, ainsi qu'à l'attention portée aux objets de la nature et au patrimoine dans les campagnes. La coexistence spatiale des usages de la campagne est ici interrogée. Les modalités d'inscription spatiale des activités agricoles jouent un rôle central dans ces évolutions. À travers ces objets et ces processus, se redéfinissent les modalités de gestion du vivant, la représentation de la nature et la qualification des territoires ruraux. La composante 3, « Ressources naturelles et patrimoines » explore ce champ.

Une quatrième série d'enjeux est traduite dans la composante 4 « Gouvernance des territoires ruraux ». De multiples usages coexistent dans les territoires : de nouveaux enjeux liés à la nature, à l'environnement, mais aussi à l'aménagement s'y manifestent. Les acteurs institutionnels des politiques publiques, locaux ou nationaux, mais aussi des acteurs privés et la société civile, font face à cette situation complexe, en élaborant des projets de territoires, en organisant l'interterritorialité, en intégrant toutes les parties prenantes, en construisant des systèmes de gouvernance hybride (entre le public et le privé).

À ces quatre composantes s'ajoutent les éléments contextuels qui rendent compte d'évolutions nationales et internationales pouvant influer sur la réalisation d'un scénario (énergie, changement climatique, technologies de l'information et de la communication, politiques publiques, commerce international, transferts de revenus).

Chapitre 4

Les scénarios de la prospective
Nouvelles ruralités

Olivier Mora, Édith Heurgon, Lisa Gauvrit
avec la contribution de Maryse Aoudaï

Les hypothèses d'évolution
des composantes des ruralités

Le tableau 5 présente, de façon synthétique, les hypothèses d'évolution à l'horizon 2030 qui ont été construites pour chaque composante.

À partir de cette matrice, les scénarios ont été construits en combinant les hypothèses d'évolution des quatre composantes et des éléments de contexte, avec le souci de privilégier la cohérence de ces hypothèses entre elles et notamment leur plausibilité en termes de dynamiques globales d'une part, et de dynamiques territoriales d'autre part.

À l'exception du scénario 3 (hypothèse d'une crise énergétique), les scénarios ne découlent pas d'un changement imposé par une variable exogène, mais explorent des dynamiques contrastées d'évolution des ruralités. Les scénarios 1 et 2 s'appuient sur des évolutions tendancielles et les amplifient (la périurbanisation des grandes agglomérations dans un cas, la multi-appartenance et la mobilité dans l'autre), tandis que les scénarios 3 et 4 sont des scénarios de rupture, fondé sur une crise énergétique et une redensification des villes dans un cas, sur une réorientation des migrations résidentielles et un développement équilibré et diversifié des territoires ruraux dans l'autre.

Les illustrations territorialisées des scénarios

À partir d'une première formulation des scénarios, des études de cas sur des territoires en région ont permis d'illustrer ces scénarios sur des situations concrètes. Les évolutions possibles de quatre régions françaises ont ainsi été envisagées, permettant dans le même temps d'explorer les implications des scénarios sur l'agriculture, l'environnement et l'alimentation.

Tableau 5. Hypothèses d'évolution à l'horizon 2030 des composantes des ruralités et construction des scénarios.

Composantes	Hypothèses d'évolution des composantes			
Mobilités dans les rapports entre villes et campagnes	Mobilités déterminées par la périurbanisation de la métropole	Intermittences cycliques	Transports limités : les gens se regroupent dans la ville qui s'élève en hauteur	Mobilités déterminées par les réseaux des bourgs et petites villes
Dynamiques économiques dans les campagnes	Économie résidentielle et agricole	Économie présentielle	Économie spécialisée et fonctionnalisée par la ville	Économie territoriale
Ressources naturelles et patrimoines	Érosion de l'espace agricole et naturel et création d'espaces sanctuarisés	Forte attractivité des patrimoines naturels et/ou des espaces agricoles	Nature dans la ville et partition des espaces naturels et ruraux	Combinaison de paysages agricoles et d'espaces naturels
Gouvernance des territoires ruraux	Faible, induite par le développement de la métropole	Variété d'initiatives pour mettre en œuvre l'attractivité des espaces ruraux	Assujettie à la planification urbaine	Forte, élaboration de projets de territoires cohérents et concertés
Éléments de contexte	Laisser-faire, transport aisé	Forte innovation sociétale, technique (transports, TIC) et de gouvernance)	Crise énergétique Fortes politiques européennes des régions	Fortes politiques publiques

Scénario 1	Scénario 2	Scénario 3	Scénario 4
Les campagnes de la diffusion métropolitaine	Les campagnes intermittentes des systèmes métropolitains	Les campagnes au service de la densification urbaine	Les campagnes dans les mailles des réseaux des villes

Le choix des territoires retenus pour illustrer les scénarios s'est orienté vers des situations contrastées – voire extrêmes sous certains aspects – tant par leurs spécificités géographiques, économiques, culturelles et les stratégies d'acteurs à l'œuvre. D'abord situés au niveau régional, les territoires étudiés ont parfois été restreints à des niveaux infrarégionaux, qui nous ont semblé faire sens en termes de dynamiques villes-campagnes :
– la région Midi-Pyrénées
– le Sillon alpin en région Rhône-Alpes
– la région Provence-Alpes-Côte d'Azur
– le département de la Manche en Basse-Normandie

Après une phase de diagnostic régional, le travail mené s'est attaché à identifier les tendances émergentes et les éléments d'évolution prospectifs caractérisant les territoires et les formes de ruralités à l'œuvre. Puis l'on a examiné la pertinence des différents scénarios au regard des dynamiques mises en évidence.

Pour ce faire, deux approches complémentaires ont été associées : l'analyse de documents de référence d'une part, tels que des prospectives régionales, des documents de planification et d'aménagement (schéma régional d'aménagement et de développement du territoire, schéma de cohérence territoriale, directive territoriale d'aménagement), des documents statistiques, des articles scientifiques, et d'autre part une série d'entretiens menés auprès d'une dizaine d'experts et d'acteurs institutionnels dans chaque région (élus, responsables de collectivités territoriales, représentants associatifs, chercheurs).

Si une traduction « territorialisée » de chaque scénario fut étudiée pour toutes les régions, chaque région ou chaque territoire a montré une aptitude à illustrer plus particulièrement un scénario. Ces illustrations régionales sont présentées avec les scénarios ci-après.

Les scénarios de nouvelles ruralités à l'horizon 2030

Scénario 1 : les campagnes de la diffusion métropolitaine

En 2030, sous l'effet d'un processus de périurbanisation très poussé, une large part des espaces ruraux sont localisés dans les aires d'influence des métropoles, qui atteignent parfois la taille d'une région toute entière (voir Encadré 3). Entre ces aires métropolitaines, des espaces intermédiaires sont dévolus à l'agriculture agro-industrielle. L'expansion des zones urbanisées résulte d'un certain laisser-faire dans les politiques publiques de planification et d'un maintien des coûts des mobilités quotidiennes à des niveaux acceptables, qui va de pair avec l'usage de véhicules électriques.

Une dispersion et une extension de l'habitat résidentiel dans l'aire métropolitaine

La périurbanisation des grandes agglomérations a pris la forme d'un mouvement de diffusion métropolitaine englobant les villes et les bourgs à la périphérie ainsi que les espaces ruraux. La dispersion croissante des résidences s'est effectuée non de manière concentrique, de couronnes en couronnes, mais de manière diffuse. Ce phénomène a donné naissance à un vaste tissu discontinu de champs et d'espaces naturels, de forêts, de logements pavillonnaires plus ou moins concentrés, d'infrastructures routières et de zones d'activités.

Désormais, les individus dissocient fortement les lieux de résidence, de travail, de commerce et loisirs. Des couples avec enfant(s) à la recherche d'espace, d'un cadre de vie agréable, d'une proximité avec la nature se sont installés dans les communes rurales périphériques de la métropole, dans des maisons avec jardins, mais travaillent dans le pôle urbain. Ce type d'habitat répond au désir d'accéder à la propriété d'un logement individuel, à moindre coût. Les ménages souvent bimotorisés, réalisent d'importants déplacements quotidiens à l'intérieur de l'aire métropolitaine, pour se rendre à leur lieu de travail, et réaliser leurs diverses activités (éducation des enfants, accès aux services, aux commerces).

Face à la polarisation des activités dans la métropole : une économie périurbaine résiduelle

En France, une économie dynamique, en archipel, a vu émerger diverses métropoles régionales qui ont désormais une dimension européenne voire mondiale. Aussi, les activités et les emplois se concentrent dans les aires métropolitaines.

Du fait du voisinage d'une métropole aspirante qui polarise les activités de pointe à forte qualification et à hauts revenus, les services liés à l'économie résidentielle constituent l'essentiel de l'activité économique (services aux populations, commerces) et des emplois dans les espaces ruraux périurbanisés. Cependant, ceux-ci bénéficient d'une déconcentration des activités (initialement au centre) vers la périphérie de l'aire métropolitaine, essentiellement les activités à faible qualification, dans l'industrie, la logistique et l'agroalimentaire.

L'éclatement des usages de la campagne : des paysages périurbains banalisés, des espaces non métropolitains, soit agro-industriels, soit naturels

En 2030, les espaces ruraux connaissent des évolutions différenciées selon qu'ils ont été concernés ou non par le phénomène de périurbanisation, c'est-à-dire selon leur distance à la ville.

Dans l'aire métropolitaine, la construction de logements, de zones d'activités et de routes a produit une forte fragmentation des espaces agricoles et naturels. L'agriculture s'est trouvée en tension voire en situation de conflit avec les résidents voisins au sujet des problèmes de pollution de l'eau et de l'air, et d'organisation temporelle des travaux agricoles. Dans les interstices ouverts et résiduels de l'aire métropolitaine, elle a accompli une forte mutation pour se réorienter vers une agriculture périurbaine (maraîchage, produits frais pour les populations urbaines) tandis que l'agriculture agro-industrielle, repoussée hors des aires métropolitaines, s'est relocalisée en fonction des équipements logistiques et des réseaux de transports.

La lutte contre les impacts négatifs de la périurbanisation sur les espaces naturels a donné lieu à la création de corridors écologiques, qui maillent désormais l'aire métropolitaine. Hors des aires métropolitaines, des espaces de nature sanctuarisés, gérés selon une logique descendante par la région, ont été préservés pour répondre aux demandes de nature des populations urbaines de la métropole. On assiste ainsi à une dissociation nette entre espaces agricoles et espaces naturels.

Les ménages et les zones d'activités aménagent les territoires : une gouvernance des espaces ruraux par défaut

Étant donné le laisser-faire dans le domaine de la planification foncière, ce sont les localisations des ménages et des zones d'activités qui définissent en 2030 l'aménagement du territoire. Le développement économique et spatial de la métropole transforme les territoires ruraux aux alentours, et les institutions de l'agglomération centrale peinent à s'ajuster à l'échelle d'une aire métropolitaine toujours en extension. Sous forte influence de l'agglomération, l'action publique dans les territoires ruraux de la périphérie reste faible et peu efficace, et les conflits se multiplient (foncier, eau).

Ponctuellement, l'absence de politique foncière de la métropole est compensée par des politiques nationales ou régionales de protection des terrains agricoles et des espaces naturels.

En 2030, un enjeu toujours discuté de l'aménagement de l'aire métropolitaine est la création, sans cesse repoussée, d'une agence métropolitaine chargée de coordonner et d'animer la formulation et la mise en place de multiples projets périurbains, destinés à structurer et à polariser les logements, les activités économiques autour des espaces ouverts agricoles ou naturels.

Encadré 3
Les territoires ruraux de la région Midi-Pyrénées en 2030

L'illustration de ce scénario n'est pas issue d'une étude prospective territoriale ou régionale en tant que telle, mais de l'application, à titre d'exemple, de ce scénario à une situation territoriale concrète. Les trois autres scénarios ont également été étudiés pour cette région ou ce territoire, mais ne seront pas présentés ici.

En 2030, la population de la région Midi-Pyrénées s'est accrue de 700 000 habitants, les nouveaux résidents s'installant principalement dans l'aire métropolitaine de Toulouse qui a gagné 420 000 habitants en trente ans. Le dynamisme économique du secteur aéronautique et spatial et du secteur informatique a été moteur. Dans sa région, Toulouse est devenue une métropole « aspirante » qui concentre les fonctions de centralité et la plupart des activités économiques et de services.

Venus de toute la France, des individus à la recherche d'emplois qualifiés et d'une qualité de vie ont migré vers cette région, qui a connu une croissance sans précédent de l'aire métropolitaine intégrant désormais un grand nombre de villes moyennes (Foix, Carcassonne, Revel, Albi, Gaillac, Montauban, Auch).

Cette diffusion métropolitaine qui s'étale sur cinq départements (dont l'un se situe à l'extérieur de l'ancienne frontière de la région) a conduit à une transformation radicale des espaces ruraux de la périphérie de Toulouse. Une urbanisation diffuse s'est développée sur l'aire métropolitaine caractérisée par de nombreuses zones pavillonnaires et zones d'activités tandis que les communes les plus proches de l'agglomération ont été intégrées au tissu urbain.

Les espaces agricoles et naturels ont été déstructurés. Les agriculteurs, soumis à de fortes critiques des résidents, ont cherché un moyen de sortir de leur activité par une valorisation foncière, et l'agriculture a été repoussée de plus en plus loin. L'agriculture spécialisée dans les grandes cultures, caractéristiques de la plaine de Toulouse, peine à maintenir sa légitimité et a été rendue difficile du fait du mitage sur de nombreux espaces.

...

Les paysages ont été défaits par l'artificialisation des sols avec d'importantes conséquences sur les écosystèmes. Cela a entraîné des réactions des résidents protestant contre la dégradation du cadre de vie (nombreux conflits). Par un mécanisme de pression foncière, certains ont pu localement préserver les espaces agricoles. Des corridors écologiques ont été mis en place pour permettre une connectivité écologique et une circulation des espèces sauvages sur le territoire.

Hors de la métropole, les espaces ruraux ont connu en vingt ans un vieillissement significatif de leur population, les jeunes se concentrant dans la métropole. Peu attractifs ou peu réputés, ces espaces ruraux connaissent une crise économique et sociale, certains devenant des lieux d'accueil pour des populations défavorisées. Ce sont pour la plupart des espaces qui ont connu depuis le début du siècle un léger déclin démographique, mais où une agriculture intensive tournée vers l'agro-industrie et vers les productions non alimentaires s'est maintenue ; cette agriculture se doit de répondre à un ensemble strict de normes environnementales (gestion de l'eau, qualité des sols, lutte intégrée). Ces espaces sont des espaces interstitiels situés entre la métropole *stricto sensu* et les territoires de patrimoine et de nature qui lui sont reliés.

Au Nord et à l'Ouest de la région, dans le Lot, le Gers et certaines parties du Tarn-et-Garonne, des espaces ruraux très typés, avec de fortes singularités ont évolué à l'image du Périgord et de la Dordogne, selon une conception proche de la campagne anglaise (l'idylle rurale) valorisant le paysage, le patrimoine et l'agriculture de terroir. Leur dynamique économique correspond à une économie résidentielle qui s'appuie localement sur des migrations d'étrangers vers ces territoires (des compagnies aériennes *low-cost* se sont installées dans des villes moyennes). Sur ces espaces, une agriculture de qualité contribue à l'attractivité du territoire et à son identité culturelle en façonnant les paysages. Mais la coexistence avec les résidents temporaires est parfois conflictuelle.

Au Sud, les espaces ruraux des Pyrénées se sont constitués en jardins de nature sauvage fréquentés par des Toulousains à la recherche de nature hors du contexte péri-urbain (qui suscite une réaction de rejet). Après une période de dépopulation importante, ces espaces ont connu récemment une revitalisation grâce à la fréquentation régulière de touristes ou de résidents temporaires attirés par une nature emblématique. Cela a conduit à la création de nouveaux Parcs naturels régionaux (création d'un Parc naturel régional en Ariège en 2010) et au développement de zonages des territoires de nature suite à la mise en place de politiques européennes. L'élevage s'est maintenu pour garder des paysages ouverts dans les vallées et entretenir des écosystèmes remarquables. Des signes de qualité se sont développés et structurent l'économie des vallées pyrénéennes en complément du tourisme et des services.

Ainsi, en 2030, le territoire régional est globalement structuré par une polarité entre la métropole de Toulouse et les Pyrénées, et la gouvernance des territoires ruraux est pilotée par la métropole toulousaine qui s'appuie sur des politiques nationales et européennes.

Scénario 2 : les campagnes intermittentes des systèmes métropolitains

En 2030, un grand nombre de territoires ruraux attractifs sont connectés aux systèmes métropolitains ; les individus alternent des séjours sur ces espaces, combinant ainsi les usages de la ville et de la campagne (voir Encadré 4). En lien avec une mobilité hebdomadaire ou mensuelle accrue, permise par une forte innovation sociale et technique, le rapport des individus à l'espace a évolué dans le sens d'une valorisation de la multi-appartenance. Cependant, en dehors de ces territoires ruraux connectés subsistent des espaces orientés vers l'agro-industrie ou occupés par des forêts.

Des territoires ruraux connectés aux métropoles et fréquentés par intermittence

En 2030, les individus développent des usages complémentaires des villes et des campagnes qui témoignent d'un nouveau mode de vie. Celui-ci est étroitement lié au développement d'une économie métropolitaine dynamique. En véritables stratèges du temps, les personnes partagent leur temps entre plusieurs lieux et jouent d'appartenances multiples, tout en étant capables de développer un attachement fort à certains territoires ruraux. Ils se déplacent d'une métropole à un territoire rural au sein d'une même région, ou bien d'une région à une autre, voire d'un pays européen à un autre, grâce à des systèmes de mobilité multimodaux. L'usage des technologies de l'information et de la communication leur permet de rester en contact avec leurs différents réseaux sociaux et, pour certains, de poursuivre leurs activités même lorsqu'ils sont absents d'un territoire. Ils séjournent dans les territoires ruraux quelques jours, ou plusieurs semaines voire quelques mois, notamment grâce à des innovations dans le domaine du logement (développement de l'habitat locatif et mise en place de systèmes d'échange de résidence). Le désir de campagne qui se manifeste aujourd'hui dans cette valorisation des territoires ruraux correspond à la recherche d'un antidote à la ville, et traduit la recherche temporaire d'un paysage agréable et d'un beau cadre de vie.

Une économie présentielle dans les territoires ruraux

Depuis le début du XXIᵉ siècle, les territoires ruraux ont construit leur développement sur des logiques d'attractivité. Il s'agit de capter des flux de population et de valoriser les revenus dépensés par les résidents temporaires sur le territoire. Cette économie présentielle des territoires ruraux qui est reliée à l'économie métropolitaine (haute valeur ajoutée, emplois qualifiés) concerne en priorité des activités de services aux populations, les commerces, les secteurs du tourisme et de la construction. Cependant, les salariés du secteur des services peuvent subir quant à eux une mobilité contrainte allant de territoires en territoires en fonction des flux de résidents intermittents.

L'activité agricole spécifie les lieux à travers des produits, des savoir-faire, et des pratiques agricoles, valorisant ainsi des ressources construites stimulant une dynamique présentielle (l'identité du territoire, les milieux naturels, les paysages recherchés). L'attractivité de ces territoires s'est parfois convertie en un moteur économique de l'innovation, en attirant des entreprises, des pôles de recherche et d'innovation technologique qui souhaitent profiter de la réputation et de l'image du lieu pour leurs produits, de la qualité de vie offerte à leurs cadres et de la connectivité de ces territoires à de vastes réseaux de mobilités. D'ailleurs la qualité des infrastructures numériques et la généralisation de l'usage des technologies de l'information et de la communication permettent déjà, depuis plusieurs décennies, aux multirésidents de ces territoires ruraux d'exercer leurs activités professionnelles à distance.

Une diversité de territoires ruraux patrimonialisés

À travers l'intensification des usages des espaces, la mobilité a alimenté la singularisation de territoires ruraux de plus en plus nombreux qui ont pris de multiples visages valorisant la nature, un paysage agricole, un patrimoine bâti ou culturel, voire immatériel. Devenus très attractifs, ils se singularisent l'un par ses richesses naturelles, l'autre par ses paysages réputés, un troisième par les sports de plein air praticables, un quatrième par sa gastronomie et sa quiétude.

La reconfiguration des territoires ruraux s'est accompagnée d'une patrimonialisation des espaces agricoles et naturels. Des conflits locaux pour la défense du paysage, ou d'un cadre de vie opposant résidents intermittents et résidents permanents, ou opposant des résidents à des agriculteurs, ont parfois déclenché la formation de collectifs à l'origine de dynamiques de développement territorial. Sur certains territoires, des hybridations se sont construites entre l'agriculture et la gestion des écosystèmes. Les campagnes non connectées à ces réseaux de territoires ont en revanche connu un exode important : désormais, elles sont partagées principalement, entre activités agro-industrielles, forêts et espaces de nature ensauvagés.

Une gouvernance territoriale hybride tournée vers le renforcement de l'attractivité du territoire

En 2030, la gouvernance des territoires ruraux mêle des acteurs publics et privés mais elle varie selon le degré d'implication des collectivités territoriales entre d'une part, une logique de club où des acteurs privés cherchent à conserver l'usage d'une ressource (qualité de vie, paysage, espèce rare) et d'autre part, une volonté de développement territorial portée par des collectivités qui cherchent à développer l'attractivité de leur territoire (sur des modèles inspirés des anciens Parcs naturels régionaux). Un enjeu important de ces processus a été de réussir à concilier les usages et les différents acteurs intervenant sur le territoire afin de stabiliser les ressources qui font la richesse du territoire.

Parmi les acteurs de la gouvernance, les agriculteurs occupent une place centrale notamment à travers les produits de terroir mais aussi par leur rôle dans la gestion de l'espace et des milieux naturels. La maîtrise foncière des collectivités territoriales permet de protéger les usages des terres agricoles stratégiques, assurant le maintien des exploitations agricoles.

Afin de limiter les conflits et de faciliter l'intégration des résidents temporaires dans la gouvernance du territoire, des forums temporaires de concertation ont été créés. Les relations interterritoriales entre les structures de gouvernance des territoires ruraux et celles gouvernant les métropoles permettent de mieux penser l'organisation des transports, de l'urbanisation et du logement.

Encadré 4
Les nouvelles ruralités du Sillon alpin et du Diois en 2030

L'illustration de ce scénario n'est pas issue d'une étude prospective territoriale ou régionale en tant que telle, mais de l'application, à titre d'exemple, de ce scénario à une situation territoriale concrète. Les trois autres scénarios ont également été étudiés pour cette région ou ce territoire, mais ne seront pas présentés ici.

En 2030, le Sillon alpin est traversé par une ville linéaire étendue de Grenoble à Genève, qui s'est développée grâce à l'innovation industrielle, la recherche et les technologies de pointe, jouant de la qualité du cadre de vie qu'offre la région pour attirer des cadres très qualifiés.

Hors des vallées urbanisées, on rencontre une large variété de territoires ruraux protégés de l'urbanisation et économiquement dynamiques. Au cours des vingt dernières années, ces territoires ont su capter les flux de population urbaine venue de la métropole voisine tout en construisant leur développement propre. Ainsi les massifs de la Chartreuse, des Bauges, de Belledone et du Vercors, se sont organisés autour d'une valorisation de la nature et d'un cadre de résidence.

...

...

La mobilité qui s'est développée à la suite de la jonction entre les villes du Sillon alpin par la progression de l'urbanisation a transformé les activités des territoires ruraux en hybridant les activités résidentielles permanentes ou temporaires, l'agriculture et le tourisme. Ainsi les individus venus de la métropole alpine peuvent désormais jouer de la complémentarité de territoires contigus mais différents. Grâce à leur notoriété, ces espaces sont également fréquentés par des personnes venues de toute la France et d'autres pays (zone antistress, de ressourcement ou de contact avec la nature, lieux remarquables).

Des dispositifs novateurs de gouvernance locale ont su construire un dynamisme économique et démographique propre. Ainsi, le cœur des Bauges, anciennement dépeuplé, a vu une croissance de la population de ses bourgs. Par ailleurs, les pratiques d'élevages ont fortement évolué vers une gestion des écosystèmes et des paysages tout en maintenant une valorisation de leurs produits par des labels de qualité et des coopératives de transformation des produits (notamment la fabrication des fromages). Ainsi l'agriculture approvisionne des marchés éloignés grâce à la réputation de ses produits (Appellation d'origine contrôlée Gruyère, Tome des Bauges, Abondance notamment), mais profite aussi de la présence de résidents temporaires pour vendre directement ses productions.

La préservation de la nature a consisté en deux politiques : l'une limite l'extension urbaine de la métropole alpine et son empiètement sur les espaces ruraux de montagne en bloquant l'usage du foncier (afin de permettre à l'agriculture de fond de vallée de perdurer pour conserver les systèmes d'élevage) ; l'autre vise une conservation de la nature au-delà de la biodiversité remarquable des alpages en s'intéressant à la nature ordinaire des flancs de montagne. Désormais, avec l'*écologisation* générale des cahiers des charges des Appellations d'origine au plan européen, l'entretien des flancs de montagne est assuré par les pratiques d'élevage ; mais ce sont aussi les produits d'élevage qui participent à l'identité des lieux.

La gouvernance s'est structurée autour de Parc naturels régionaux organisés par massif montagneux. Ces instances ont constitué des lieux de mise en débat du territoire, notamment dans leurs relations avec les métropoles. Elles ont permis une concertation entre les acteurs (éleveurs, résidents permanents et intermittents, artisans), une conciliation des usages et l'élaboration de projets de territoire. La stabilité économique des filières agricoles et de transformation est cruciale pour le devenir de ces espaces. Des mesures ont été prises pour protéger l'usage agricole des sols, notamment à travers les politiques publiques locales, et les résidents reconnaissent désormais la capacité des éleveurs à gérer l'état des écosystèmes. Le souvenir des crises écologiques et démographiques qui avait suivi en 2010 la mise « sous cloche » de certains espaces naturels et qui avait conduit à un appauvrissement de la biodiversité, au développement de la forêt et à la création d'espaces désertifiés, est encore vivace. De plus, la gestion des territoires s'organise désormais dans l'interrelation entre l'ancien dispositif de schéma de cohérence territoriale, devenu schéma métropolitain, et les Parcs naturels régionaux qui se sont fédérés à l'échelle du Sillon alpin.

Dans le Diois, le développement des territoires ruraux s'est fondé sur la mobilité des habitants de Valence et de Lyon et sur la qualité du cadre de vie. Cette petite région a connu une résidentialisation importante et une croissance démographique jouant de la fréquentation des populations intermittentes. S'appuyant sur une patrimonialisation forte des produits et des espaces agricoles par des acteurs privés souhaitant préserver leur cadre de vie, l'urbanisation périphérique de l'agglomération de Valence a été relativement maîtrisée. Des firmes de haute technologie (dans le domaine de la parfumerie) profitant de la qualité de vie et souhaitant valoriser l'image du territoire pour leur entreprise ont implanté leur siège dans le Diois, et parallèlement de nombreux petits projets novateurs dans le domaine de l'artisanat, de la parfumerie (transformation des plantes aromatiques), de la construction (habitat écologique) et des technologies de l'information, ont essaimé sur ce territoire.

Scénario 3 : les campagnes au service de la densification urbaine

En 2030, les rapports villes-campagnes ont radicalement changé si on les compare à ce qu'ils étaient au début du siècle. L'arrêt du développement résidentiel des espaces ruraux constitue le principal retournement de tendance par rapport aux migrations résidentielles observées il y a trente ans. Une augmentation forte du coût de l'énergie et la mise en place de politiques de maîtrise des émissions de gaz à effet de serre ont remis en cause le modèle de déplacement individuel fondé sur l'automobile en limitant les mobilités des personnes. Anticipant ces évolutions, les grandes villes ont inventé de nouvelles relations avec leur arrière-pays et des formes de ruralités intra-urbaines, grâce à de fortes interventions publiques dans les domaines de l'habitat et du transport (voir Encadré 5).

Une densification de la population et une concentration des activités dans les villes, au détriment des territoires ruraux

En contraignant les déplacements entre villes et campagnes, l'augmentation du coût de l'énergie fossile a, en l'absence d'énergie de substitution à bas coût, stoppé la périurbanisation et le développement résidentiel des campagnes ; elle a produit une concentration de la population et des activités dans les villes. Cela a donné naissance à de grands ensembles métropolitains régionaux incluant des villes moyennes, les centres urbains étant reliés entre eux par de puissants réseaux de transport collectif et de télécommunication.

Dans le mouvement de relocalisation des populations et des activités, les territoires ruraux ont connu vers 2015 une crise sans précédent : crise économique, crise démographique due à l'exode forcé des résidents vers les villes et à un vieillissement accéléré des populations, et enfin crise sociale. Cette crise est aujourd'hui atténuée par des politiques publiques volontaristes visant à répondre aux besoins des populations et à les accueillir en ville : des politiques d'investissement dans les transports collectifs, de régulation des marchés fonciers et de développement de l'habitat, sont mises en œuvre par les institutions métropolitaines grâce à des programmes de financement européens et nationaux.

Pour rendre ces grands ensembles urbains à forte densité plus vivables, les métropoles développent des espaces de respiration destinés aux loisirs et à l'agrément des habitants (parcs, forêts, espaces agricoles intra-urbains). Cette intégration de la nature dans la ville permet de limiter les occasions de déplacement des personnes hors des espaces métropolitains. Aujourd'hui, on travaille, on habite, on se divertit en ville.

Une relocalisation des activités en fonction de l'accès aux équipements logistiques

La concentration des personnes s'est accompagnée d'une relocalisation des activités économiques dans les métropoles au détriment des territoires ruraux. Les activités polluantes ou occupant trop d'espace sont reléguées à la périphérie de la métropole. Le développement des territoires s'inscrit dans le cadre d'une économie métropolitaine avec des services aux personnes et aux entreprises, et des activités très qualifiées au plan international, mais avec peu d'activités dans les espaces ruraux. C'est l'accès aux équipements logistiques qui est devenu déterminant dans la position spatiale des activités, notamment la trame des voies de communication et leurs nœuds.

Des espaces dédiés à la nature, à l'agro-industrie, à l'énergie :
des fonctions séparées au service de la métropole

Les métropoles ont fonctionnalisé les espaces ruraux en les mettant à leur service. Autrefois espaces résidentiels diffus, les espaces ruraux à la périphérie des métropoles se sont pour partie intégrés aux villes. Le reste est devenu une mosaïque de sites hyperspécialisés dans des fonctions logistiques, énergétiques, ou écologiques, au service des villes.

Après une crise démographique et économique sans précédent, qui a conduit à l'abandon d'un grand nombre de villages, les espaces ruraux éloignés voient se développer de grandes unités agro-industrielles qui produisent des matières premières alimentaires et de la biomasse pour l'énergie, la chimie verte et les biomatériaux. Cependant, les contraintes d'approvisionnement et de collecte s'étant accrues avec la hausse du prix de l'énergie, ces activités se concentrent dans les bassins les plus accessibles et les plus productifs. Sur les espaces plus difficilement exploitables, l'abandon des activités agricoles et d'élevage conduit à un développement des forêts.

De vastes espaces protégés sur le modèle de gestion des Parcs nationaux, ou de grands massifs forestiers sont consacrés à la gestion de la nature avec quatre fonctions principales : la préservation des ressources (en eau notamment pour compenser les pratiques polluantes des agriculteurs), la biodiversité et la fixation du carbone, et la protection contre les risques naturels (zones humides pour la rétention des eaux de pluies, lutte contre l'érosion en montagne, etc.). Dans une société profondément préoccupée par les questions environnementales et de maintien de la biodiversité, ces espaces de nature protégés cristallisent les représentations de la nature sauvage, fantasmée par les urbains qui, pourtant, n'y accèdent que rarement.

Des espaces ruraux gouvernés par les métropoles,
l'État et les grandes régions européennes

La mise en œuvre des politiques s'effectue à l'échelle métropolitaine mais dans le cadre de politiques publiques concernant de grandes régions européennes. En lien étroit avec les acteurs métropolitains publics et privés, ces grandes régions mettent en œuvre des politiques européennes très volontaristes en matière de transport, d'urbanisme et de construction (habitat dense, matériaux économes en énergie, etc.), et financent l'adaptation des villes à la raréfaction des ressources énergétiques. Par ailleurs, les espaces naturels sont désormais sous gestion directe de l'État qui s'appuie sur des politiques environnementales internationales.

Cependant de fortes tensions sociales subsistent car les populations rurales sont de plus en plus marginalisées sur le plan économique et social ; le fossé entre ruraux et urbains se creuse, tandis que les difficultés de logement et de déplacement dans les métropoles aggravent la situation des populations défavorisées, accroissant les inégalités et les tensions sociales.

Encadré 5

La région Provence-Alpes-Côte d'Azur en 2030

L'illustration de ce scénario n'est pas issue d'une étude prospective territoriale ou régionale en tant que telle, mais de l'application, à titre d'exemple, de ce scénario à une situation territoriale concrète. Les trois autres scénarios ont également été étudiés pour cette région ou ce territoire, mais ne seront pas présentés ici.

Sous l'effet d'importantes migrations, en provenance du haut pays provençal, d'autres régions françaises ou encore de l'étranger, la conurbation littorale des années 2000 s'est transformée en un vaste continuum urbain de Menton à Marseille, Aix et Avignon, qui se prolonge au Nord par le couloir rhodanien, et rejoint par l'Ouest la conurbation languedocienne.

Les activités économiques sont concentrées sur cette aire métropolitaine littorale et dans quelques villes de l'arrière-pays facilement accessibles par le réseau de transport. Les fonctions de services se répartissent sur plusieurs pôles du continuum urbain, de telle sorte que les populations, quelle que soit leur localisation sur le littoral, ont accès à la plupart des services dans les pôles voisins.

Le tissu urbanisé, initialement polycentrique et éclaté, s'est densifié dans les interstices, tout en intégrant dans ses mailles des éléments naturels (par exemple, le parc des Alpilles, la montagne Sainte-Victoire) ou agricoles. Une agriculture intensive intra-urbaine à forte technologie (mais avec un impact environnemental maîtrisé) se développe dans des zones agricoles protégées (ZAP). Cette agriculture approvisionne les urbains en produits frais (fruits et légumes), principalement sur des marchés de proximité.

Dans les territoires les plus accessibles du moyen-pays provençal, la crise résiden-tielle est évitée : les mobilités, bien que limitées, se maintiennent grâce à un réseau de transport qui relie les grandes villes aux villes moyennes (Manosque, Pertuis, etc.). De nouvelles formes de mobilités individuelles permettent de circuler avec un faible coût énergétique sur des périmètres réduits (dans un rayon de 30 km par exemple) ; mais seules les populations les plus aisées peuvent s'offrir ces déplacements ce qui engen-dre une *gentrification* forte de ces territoires. Cependant, l'expansion diffuse des zones urbaines est arrêtée, la périurbanisation régresse même en certains points ; quelques maisons trop éloignées des villes sont délaissées, mais l'habitat est reconditionné pour correspondre à des critères environnementaux (éco-habitat). Seuls les espaces agricoles les plus accessibles et les plus productifs continuent d'être exploités par des entreprises agro-industrielles, qui produisent principalement des fruits et du vin (l'activité céréalière a presque entièrement disparue).

Les montagnes et les zones du moyen-pays, difficiles d'accès ou très éloignées, connaissent une forte dépopulation et redeviennent sauvages. Beaucoup de villages sont abandonnés. Un désert vert de forêt méditerranéenne s'étend de l'arrière-pays varois et niçois jusqu'à la frontière italienne, en bordant par le nord la métropole lit-torale. Proches des villes, et lorsque le relief le permet, de vastes espaces de maquis sont couverts de panneaux photovoltaïques utilisées pour la production d'électricité. Quant à la forêt méditerranéenne, elle est relativement peu exploitée car faiblement productive (relief, sols). La proximité entre espaces forestiers peu entretenus et zones urbanisées pose de graves problèmes de gestion des risques d'incendie. Le recul des activités humaines (pastorales notamment) dans ces espaces rend la prévention contre les incendies moins efficace et extrêmement coûteuse.

Désormais en région Provence-Alpes-Côte d'Azur, les interactions entre villes et espaces ruraux de l'arrière-pays sont principalement orientées vers la gestion des ressources en eau du massif alpin, la production d'énergie, ainsi que la gestion de la biodiversité (par exemple, mesures de lutte contre la fermeture des paysages encourageant le maintien

...

> ...
>
> du pastoralisme, protection de sites remarquables). Par ailleurs, des mécanismes de compensation environnementale se mettent en place entre le littoral et l'arrière-pays : les zones qui sont urbanisées sur le littoral sont compensées par des mesures de protection sur des zones naturelles dans le moyen-pays, et le développement du marché du carbone provoque des achats importants de terrains non bâtis (des espaces naturels) par des fonds de pension, banques et grandes entreprises, dans le moyen-pays et surtout dans les zones de montagne.

Scénario 4 : les campagnes dans les mailles des réseaux de villes

En 2030, les rapports villes-campagnes se sont réorganisés pour limiter la tendance de périurbanisation des grandes agglomérations encore observée il y a 30 ans. Les migrations résidentielles se sont portées plutôt vers des bourgs ruraux, des petites villes et des villes moyennes ; depuis le début du siècle, les espaces périurbains des métropoles n'ont eu qu'une croissance démographique modérée. Des campagnes résidentielles et productives se sont structurées ; les équilibres territoriaux y reposent sur une complémentarité entre ville et campagne, sur une diversité de formes productives, et sur l'affirmation d'une gouvernance territoriale par projet (voir Encadré 6).

Des territoires où sont imbriqués les espaces urbains et ruraux

Au cours des trente dernières années, l'attrait résidentiel des campagnes à l'extérieur des zones d'influence des grandes agglomérations ne s'est jamais démenti. Les individus apprécient ces campagnes pour leur qualité de vie : des paysages agréables, la proximité de la nature, l'accessibilité des services. Cependant, les personnes résident sur ces territoires en fonction de leur position dans leur cycle de vie : les couples avec enfants et les retraités s'y installent tandis que les jeunes en partent au moment de leurs études ou de la recherche d'un emploi. Ces territoires bénéficient aussi de migrations nord-européennes. Grâce à des politiques de planification foncière efficientes, les logements sont regroupés dans les villes et les bourgs ruraux, et la périurbanisation est contenue.

Les territoires sont des espaces multipolarisés structurés par des réseaux de villes et de bourgs, où les espaces ouverts et les réseaux urbains sont fortement imbriqués. Ces réseaux permettent désormais aux résidents ruraux d'avoir accès à une gamme complète de services distribués sur l'ensemble des villes et des petites villes (petite-enfance, école, services aux personnes âgées, commerces, etc.) et à des emplois.

Des dynamiques territoriales alliant économie résidentielle et productive

Une économie territoriale équilibrée s'est développée, fondée sur une forte diversité d'activité : les secteurs primaires, secondaires et tertiaires y sont représentés, y compris l'industrie et l'agroalimentaire. Les emplois sont localisés en grand nombre dans les petites villes. Une économie résidentielle qui a des effets redistributifs importants participe du développement territorial, ponctuellement renforcé par des activités touristiques. La production de biens agricoles et manufacturés est développée et comprend les services attachés à la production. Une diversité de filières agricoles est présente sur le territoire allant des filières agro-industrielles (agroalimentaire, chimie verte, agrocarburants) à la production sous labels de qualité (AOC-IGP, appellation d'origine contrôlée, indication géographique protégée) en passant par la vente directe et la commercialisation des produits sur les marchés locaux. Les technologies de l'information et de la communication ont eu un effet important sur le désenclavement de certains territoires, permettant le développement du travail à distance pour certaines professions. Grâce aux nouveaux usages du numérique, des activités de pointe se sont parfois installées dans les espaces ruraux et les services aux entreprises se sont développés. Désormais, les entreprises mobilisent fréquemment l'image de la campagne pour valoriser leurs propres activités.

Une diversité d'espaces et d'agricultures

Dans ces territoires, des paysages complexes adaptés à la variété des sols et du relief fournissent aux résidents un cadre de vie agréable, constituent des lieux de détente et assurent la conservation de la biodiversité. Localement, l'appartenance territoriale des habitants prend appui sur une relation revendiquée à la nature et aux paysages. La diversité des agricultures est articulée à la gestion des écosystèmes et du paysage. Le maillage agricole s'enchevêtre avec des espaces protégés de natures diverses : réserves de faune ou de flore, ripisylves[13] et petites zones boisées, etc. Une difficulté réside dans la maîtrise des équilibres entre les différents usages et usagers du territoire, difficulté qui est l'enjeu central de la gouvernance territoriale.

Une gouvernance territoriale s'appuyant sur des projets de territoire

Car c'est d'abord l'invention de nouvelles modalités de gouvernance territoriale qui a donné forme à ces ruralités renouvelées. En effet, à la fin des années 2010, ces territoires ruraux faisaient face à des difficultés croissantes pour résoudre les conflits d'usages et garder une ouverture sur les autres territoires. Ils héritaient d'un espace rural dont la qualité résultait d'un équilibre fragile entre de multiples pratiques ; ils avaient à en assurer le maintien par des pratiques *ad hoc* et en concertation. Il s'est agi, à travers de nouvelles formes de gouvernance, de mettre l'espace rural en débat et de fédérer l'ensemble des acteurs du territoire, dont les agriculteurs, pour organiser un compromis entre les usages, entre les populations, entre la prise en compte de la nature et de la culture, afin de construire un projet de territoire. La mise en place de ce type de projet a nécessité d'importantes politiques nationales d'aides en ingénierie territoriale (notamment pour la construction d'outils de planification foncière et pour développer l'interterritorialité) ; elle s'est appuyée sur des politiques de redistribution financière efficaces à l'échelle nationale, associée à une solidarité locale.

Encadré 6
Le département de la Manche en 2030

L'illustration de ce scénario n'est pas issue d'une étude prospective territoriale ou régionale en tant que telle, mais de l'application, à titre d'exemple, de ce scénario à une situation territoriale concrète. Les trois autres scénarios ont également été étudiés pour cette région ou ce territoire, mais ne seront pas présentés ici.

En 2030, le département voit sa structuration consolidée autour d'un réseau de petites villes et de bourgs. Sa population globalement stable depuis le début du siècle, répartie

...

---

[13] Les ripisylves sont des formations boisées, buissonnantes ou herbacées en bordure de rivière.

...

de façon équilibrée, témoigne de mouvements de personnes importants. En effet, de nouveaux arrivants, qui sont venus une première fois pour un motif professionnel ou touristique, ont décidé de s'y installer pour y séjourner de manière temporaire ou définitive (afin d'y exercer une activité ou y prendre leur retraite). Des anglais sont aussi venus s'installer dans la région. En revanche, des jeunes, notamment des femmes, partent vers les grandes villes chercher une formation ou un emploi, mais reviennent au pays dès qu'une opportunité se présente.

La qualité de vie et l'attractivité des espaces ruraux sont réaffirmées. La Manche demeure une terre d'équilibre marquée par la mer et des surfaces en herbe liées à l'élevage, notamment du cheval, qui structurent une grande variété de paysages et de biotopes (littoral très étendu, bocage Saint-Lois, marais du Cotentin), en partie façonnés et entretenus par la production agricole. Ces paysages constituent autant un cadre de vie recherché que des destinations agréables pour les loisirs et le tourisme.

De Cherbourg à Avranches, de Coutances à Saint-Lô, un réseau de petites villes et de bourgs irrigue les territoires ruraux et permet aux résidents d'accéder à un ensemble de services distribués sur des pôles à proximité. Grâce au développement des technologies de l'information et de la communication, la Manche a su devenir un « territoire augmenté » en combinant au territoire physique le cyberespace, mais aussi en développant un patrimoine immatériel collectif permettant de pallier les déficits du département au regard des fonctions métropolitaines supérieures (universités, services supérieurs...).

D'un point de vue économique, le département s'appuie désormais sur une dynamique agroalimentaire performante, la filière équine, l'industrie nucléaire, l'artisanat, le tourisme, mais aussi sur les services aux populations et aux entreprises. Les nouveaux usages des technologies numériques ont permis à ce territoire de développer des pôles ruraux de recherche et d'innovation en profitant de la dynamique résidentielle. C'est cet équilibre entre une économie résidentielle et une économie productive qui fait la richesse économique de ce territoire et qui a été réalisé grâce à de fortes innovations dans la gouvernance territoriale.

Cette innovation s'est principalement concrétisée autour de projets de territoire, répondant aux défis précédents. L'essor des structures d'intercommunalité et de concertation à partir des Pays et des Parcs naturels régionaux a permis de multiplier des forums locaux, réunissant les acteurs du territoire dans des démarches participatives. Ces instances ont fédéré les acteurs économiques et sociaux autour d'un projet de mise en valeur durable du patrimoine naturel, culturel et immatériel.

Les agriculteurs et les éleveurs ont participé à l'élaboration de ces projets de territoire, et sont devenus des opérateurs importants de sa mise en œuvre. L'essor de la filière équine a permis de maintenir un espace de qualité. Les fermes équestres et les activités d'élevage équin ont contribué à répondre au désir de nature et de contact avec les animaux des nouveaux résidents, et ont participé à l'essor de l'économie touristique du département. Dans ces évolutions, les nombreuses coopératives agroalimentaires qui s'étaient structurées autour de filières fromagères en appellation d'origine surtout, présentes sur un marché mondialisé ont su renforcer leurs liens avec les dynamiques territoriales, et permettre le maintien des exploitants agricoles. Elles participent à l'entretien de l'espace et des paysages dans les Pays, ces derniers ayant développé un approvisionnement des restaurants collectifs et scolaires en produits frais. Par ailleurs, outre leur contribution à l'entretien des paysages, les agriculteurs contribuent à l'entretien des milieux naturels dans les différents Parcs naturels régionaux du territoire. D'ailleurs, un nouveau Parc naturel régional a vu le jour en 2013, et relie désormais le parc naturel régional des Marais du Cotentin-Bessin et celui de Normandie-Maine (l'ensemble couvre à présent la presque totalité de l'arrière-pays manchois). Ces parcs structurent la gestion du patrimoine naturel, en lien étroit avec les acteurs de l'élevage ; ensemble, ils s'appliquent à stabiliser des systèmes de production herbagers durables, notamment grâce à une *écologisation* importante des modes de production en appellation d'origine.

Conclusion

Ces quatre scénarios du devenir des espaces ruraux ont une nature particulière qui doit être précisée. Leur faisabilité ne peut être démontrée indépendamment des stratégies des acteurs, qui détermineront les bifurcations possibles. De plus, à l'horizon 2030, l'image des territoires ruraux à l'échelle de la France sera vraisemblablement davantage une hybridation de ces différents scénarios que l'expression d'un seul. En effet, les forces motrices agissant dans les différents scénarios ont un poids plus ou moins important suivant les territoires et leur histoire, et produisent des dynamiques spécifiques. Ainsi, non exclusifs les uns des autres, les scénarios peuvent coexister sous des formes différentes sur divers territoires, et les territoires peuvent évoluer de l'un vers l'autre en fonction des politiques conduites. La mise en œuvre des scénarios est résolument territorialisée.

Chapitre 5
Convergence et différenciation des ruralités : vers une nouvelle alliance entre villes et campagnes ?

Édith Heurgon avec la contribution d'Olivier Piron

Dans un contexte marqué principalement par l'urbanisation (métropolisation, péri-urbanisation), la prospective conduite par l'Inra met à jour de nouvelles ruralités à l'œuvre, résultant d'une recomposition des dynamiques entre villes et campagnes, dans le cadre d'une économie à la fois mondialisée et territorialisée.

Les scénarios élaborés offrent notamment un support de réflexion pour aborder le devenir des ruralités d'une part sous l'angle des acteurs – des personnes qui vivent à la campagne, y travaillent, s'y détendent, y échangent, de leurs pratiques quotidiennes et de leurs représentations –, d'autre part, sous l'angle des territoires, de leurs dynamiques actuelles, de leurs interactions – qui font apparaître des espaces interstitiels, des « tiers espaces » (Vanier, 2008) à la fois urbains et ruraux –, enfin, des formes de gouvernance et de leur hybridation (entre public et privé, entre les différentes échelles spatiales) – qui, accompagnées par des politiques publiques adéquates, sont aptes à faire advenir des futurs souhaitables.

Comme l'a montré le chapitre précédent, diverses dynamiques de composition des villes et des campagnes sont explorées par les scénarios. Bien que l'horizon commun soit 2030, ils ne s'inscrivent pas nécessairement dans les mêmes temporalités car certains supposent des mutations radicales des comportements et des modes de gouvernance.

Les scénarios 1 et 2 s'appuient sur des évolutions de comportements déjà à l'œuvre dans la société, massivement pour le scénario 1 fondé sur la périurbanisation (aspiration à la propriété, logement individuel, automobile, etc.), plus spécifiquement pour le scénario 2 qui concerne les populations possédant la capacité de choisir leurs temps et d'exercer leurs activités dans des lieux singuliers combinant ainsi les avantages de la ville et les bénéfices de la campagne. Selon les formes de gouvernance et les politiques publiques conduites aux diverses échelles, ces scénarios peuvent connaître des bifurcations visant à privilégier certains aspects des futurs souhaitables (lutte contre l'étalement urbain, patrimonialisation innovante, valeur ajoutée par l'attractivité, etc.).

Les scénarios 3 et 4 supposent, l'un (scénario 3) une rupture de comportements sous la contrainte d'une réduction drastique des mobilités (crise exogène), l'autre, (scénario 4), une évolution profonde des pratiques individuelles et collectives, ainsi que des formes de gouvernance territoriale, accompagnées par les politiques publiques, favorisant un développement durable qui privilégie la diversité et la solidarité.

Les nouvelles ruralités en émergence

Les scénarios ont mis en évidence quatre types de ruralités, qui ont été illustrées par des situations régionales (voir chapitre 4). Afin de les caractériser, il faut revenir sur les principales composantes utilisées pour la construction des scénarios.

• Les relations entre campagnes et villes sur lesquelles ces nouvelles ruralités s'appuient au regard des mobilités : 1) les campagnes de la diffusion métropolitaine, 2) les campagnes intermittentes des systèmes métropolitains, 3) les campagnes au service de la densification urbaine, 4) les campagnes dans les mailles des réseaux de villes.

• Les dynamiques économiques dans les campagnes : 1) économie résidentielle et agricole, 2) économie présentielle[14], 3) économie spécialisée selon les types d'espaces et fonctionnalisée par la ville, 4) développement territorial équilibré (résidentiel et agricole).

• Les relations à la nature et à l'environnement : les cinq images de la nature (cadre de vie, support récréatif, patrimoine, gisement de ressources et biodiversité) (Vanier, 2008) s'agencent selon les scénarios de manière plus ou moins sélective ; elles structurent les relations entre les espaces ruraux selon différents principes (le foncier, le patrimoine, la mobilité, la diversité).

• Les formes de gouvernance des territoires ruraux : 1) laisser-faire dans le cadre d'un coût de transport maîtrisé, 2) gouvernance hybride mêlant public et privé, collectivités locales et réseaux d'influence, 3) gouvernance des régions européennes et des agglomérations, 4) projet de territoire avec soutien des politiques publiques régionales, nationales, européennes.

Les ruralités en émergence, mises en relief dans les scénarios, résultent du jeu des principales forces à l'œuvre (foncier, patrimonialisation, arrêt des mobilités, diversité) et de la structuration des relations entre espaces urbains (plus ou moins denses, polarisés…), périurbains (étalés selon un tissu discontinu) et ruraux (agençant usages résidentiels, production agricole, nature), selon des logiques de différenciation et d'intégration, de spécialisation et de combinaison, et des traitements particuliers des espaces intermédiaires (corridors écologiques ou logistiques, ceintures vertes, parcs…). Leur émergence est aussi étroitement liée à des contextes institutionnels et des rapports de pouvoir, à la vitalité de la société civile, ainsi qu'aux modes de coopération entre acteurs ruraux et acteurs urbains, capables de stimuler une dynamique de développement territorial porteur de ces nouvelles ruralités.

Les quatre types de ruralités mises en évidence peuvent alors être caractérisés de la manière suivante.

---

[14] Le ministère du Tourisme définit le taux de présence comme le rapport du nombre de personnes présentes sur le territoire à un moment donné sur le nombre de résidents permanents.

• Les ruralités périurbaines et interstitielles des campagnes de la diffusion métro-politaine, issues du scénario 1 : la périurbanisation est à l'œuvre avec une dispersion de l'habitat et une concentration des activités dans les centres urbains ou de nouvelles centra-lités aux abords des axes de transport. En découle un tissu continu d'espaces, plus ou moins structurés par la distance au centre de l'agglomération (pavillons, infrastructures, zones d'activités, parcs, espaces naturels ou agricoles, forêts).

• Les ruralités temporelles et connectées des campagnes intermittentes des systèmes métropolitains, correspondant au scénario 2 présentent des lieux singuliers au patrimoine attractif (naturel, culturel), archipels reliés aux métropoles, capables d'attirer des flux d'urbains dans des territoires de villégiature pour populations aisées ou de stimuler des dynamiques de création de valeur ajoutée métropolitaine.

• Les ruralités en ville, productives, naturelles, au service de la densification urbaine, issues du scénario 3, procèdent, pour réduire drastiquement les mobilités, d'une spéciali-sation fonctionnelle des espaces ruraux selon leur distance à la ville : résidentiels, loisirs, logistique, écologique, agricoles, naturels, forêts…

• Les ruralités (re)composées dans des espaces multipolarisés : les campagnes dans les mailles de réseaux de petites villes, dans le scénario 4, sont choisies pour la qualité de leur cadre de vie, la variété des paysages, la diversité des pratiques, et attirent de nouveaux arrivants ; elles se caractérisent aussi par leurs solidarités, notamment au regard des personnes âgées, et la perspective d'un développement durable à taille humaine.

Pour les principales thématiques retenues au regard des acteurs, une grille de lecture permet de comparer les ruralités à l'œuvre dans les quatre scénarios. Sont étudiés succes-sivement 1) les modes d'habiter, travailler, échanger ; 2) les relations à la nature et à l'environnement ; 3) la gouvernance des territoires ruraux ; 4) les politiques publiques associées. Ces grilles sont présentées dans les tableaux 6, 7, 8, 9.

Des nouvelles formes de ruralités : habiter, travailler, échanger

En lien avec les hypothèses démographiques et la répartition du peuplement sur les territoires, il s'agit de considérer les principales mutations sociétales : individuali-sation des comportements, transformation des âges de la vie – qui renvoie notamment à l'enjeu du vieillissement des populations mais aussi aux problèmes posés par une longue jeunesse –, recomposition de familles avec parfois quatre, voire cinq générations, exigences de qualité de la vie et de loisirs, émergence de valeurs écologiques, etc., et, parallèlement, aggravation des processus de précarisation et renforcement des inégalités intraterritoriales à l'origine de conflits d'usages et de tensions.

Pour chaque scénario, au regard des mobilités spécifiques (pendulaires, résidentielles, touristiques…), on a cherché à extraire le principe (recherche d'espace, temps choisis, arrêt des mobilités, qualité de vie), qui détermine les pratiques quotidiennes (logement, transport, activités, services) des personnes ou ménages, principaux vecteurs des ruralités en émergence. Il convient de faire ressortir, dans les différents cas, la robustesse et la fragilité vis-à-vis d'évolutions sociétales, comme le vieillissement, mais aussi le risque de voir s'accroître les processus de précarisation (Tableau 6).

Tableau 6. Les modes de vie et les usages des territoires.

	Scénario 1 – Campagnes de la diffusion métropolitaine	Scénario 2 – Campagnes intermittentes	Scénario 3 – Campagnes au service de la densification urbaine	Scénario 4 – Campagnes maillées des réseaux de villes
Ruralités émergentes	Ruralités périurbaines, interstitielles	Ruralités temporelles et connectées	Ruralités en ville, productives, nature	Ruralités (re)composées
Personnes résidentes	Familles nombreuses, ménages précaires, migrants	Urbains, cadres, seniors aisés et salariés intermittents	Tout le monde est en ville	Familles résidentes et nouveaux arrivants
Pratiques	On vit, travaille et se détend dans des lieux différents	On partage son temps entre divers lieux	On vit, travaille et se détend en ville	On vit et travaille au pays (cycle de vie)
Principe	Recherche d'espace, cadre de vie, nature	Art de vivre, temps choisis, identité	Rupture des modes de vie	Ancrage, qualité de vie, équilibre, diversité
Mobilités	Mobilités quotidiennes pendulaires : bi-motorisation des ménages	Mobilités hebdomadaires, saisonnières ; mobilités contraintes (salariés)	Mobilités limitées	Mobilités quotidiennes des résidents, usage des technologies de l'information et de la communication (TIC)
Formes d'habiter	Habitat individuel dispersé, en propriété, jardin Activités, emplois concentrés dans les aires urbaines	Multi-résidences temporaires, archipels, innovation habitat, travail (TIC), échanges de logement	Logement vertical, éco-habitat urbain	Répartition équilibrée des logements entre les bourgs, les petites villes et la campagne
Évolutions sociales	Diversité culturelle Précarités, insécurité	Déséquilibres sociaux, conflits d'usages	Risques sociaux du fait de la concentration urbaine, précarité	Solidarité familiale et de voisinage Enjeux : « bien vieillir », formation, emplois des jeunes

De nouvelles relations à la nature et à l'environnement

Sur la base des différentes images de la nature rappelées ci-dessous, chaque type de ruralité agence de manière spécifique les relations et interactions entre espaces urbains, périurbains et ruraux, dissociant ou combinant, pour ces derniers, usages résidentiels, production agricole et nature. Dans chaque cas est dégagé un axe spécifique au regard des enjeux environnementaux et des dynamiques de développement durable des territoires (Tableau 7).

La gouvernance des territoires

Au-delà des espaces, la prospective pose une question concernant la diversité des territoires ruraux, sachant que le devenir de ces territoires ne peut plus être envisagé indépendamment de celui des territoires urbains et des formes hybrides qui apparaissent entre des catégories qu'il convient peut-être de faire évoluer.

Ayant mis l'accent, dans un premier temps, sur les territoires vécus par les ménages, on s'efforce, dans un second temps, de considérer les dynamiques à l'œuvre sous l'angle des acteurs, publics ou privés, institutionnels ou représentants de la société civile, parties prenantes à un titre ou à un autre des projets, en mesure d'assurer une mise en mouvement des territoires et de faire advenir les ruralités émergentes (Tableau 8).

Compte tenu des dispositifs institutionnels en vigueur et des répartitions de compétences aux différentes échelles territoriales, deux questions sont primordiales :
– quelle place les acteurs ruraux, et notamment les agriculteurs, peuvent-ils tenir dans ces processus de gouvernance ?
– quelles modalités de coopération peut-on mettre en place pour saisir les enjeux de l'interterritorialité et permettre l'hybridation des ressources ?

À cet égard, il semble que les parcs naturels régionaux ont constitué, et constituent encore, un outil de coordination territoriale prémonitoire de l'action publique, dans la mesure où ils s'appuient sur des pouvoirs faibles, avec de nombreuses missions de transversalité, et mettent en œuvre une gouvernance basée sur la négociation. Autrefois régulant la confrontation entre agriculture et tourisme, ils sont aujourd'hui très utiles pour la concertation et la constitution d'arrangements locaux, produisant des synthèses territoriales.

Les politiques publiques en soutien

Pour favoriser les nouvelles ruralités décrites dans les différents scénarios, il est nécessaire de soutenir les dynamiques de gouvernance territoriale par des politiques publiques en matière d'aménagement du territoire, d'urbanisme, de foncier, de logement, de transport, mais aussi en ce qui concerne la production agricole et la protection de la nature (Tableau 9).

Tableau 7. Les différentes formes de relations à la nature.

	Scénario 1 – Campagnes de la diffusion métropolitaine	Scénario 2 – Campagnes intermittentes	Scénario 3 – Campagnes au service de la densification urbaine	Scénario 4 – Campagnes maillées des réseaux de villes
Représentations de la nature	Éclatement des images de la nature : cadre de vie, loisirs, nature sauvage	Nature esthétisée, antidote temporaire à la ville, désir de campagne limité à certains lieux singuliers	Nature dans la ville : espaces verts, parcs de loisirs, espaces agricoles, biodiversité	Concilie 5 images de nature : cadre de vie, support récréatif, patrimoine, gisement de ressources, biodiversité
Articulation espaces naturels, agricoles, urbains	Tissu discontinu composé d'espaces naturels, de forêts, de pavillons, d'infrastructures, de zones d'activités Des espaces ruraux différenciés entre aire urbaine (interstices) et en dehors	Diversité d'espaces ruraux singuliers (écosystèmes, paysages, culture) Formes de patrimonialisation innovantes	Spécialisation fonctionnelle des espaces ruraux : logistique, écologique, agricole, production d'énergie, nature, déserts	Diversité de paysages (herbe, élevage, champs cultivés, espaces protégés…) Variété des formes productives
Axe spécifique à la nature	Lutter contre la dégradation de la biodiversité ; parcs périurbains, connectivité écologique	Développer l'attractivité des lieux pour capter des flux de population et créer de la valeur ajoutée	De nouvelles ruralités intra-urbaines à inventer ; des relations des villes avec l'arrière-pays à construire	Au-delà de la préservation de l'environnement, élaborer conception dynamique d'un développement territorial durable

Tableau 8. Modes et enjeux de gouvernance des espaces ruraux.

	Scénario 1 – Campagnes de la diffusion métropolitaine	**Scénario 2 – Campagnes intermittentes**	**Scénario 3 – Campagnes au service de la densification urbaine**	**Scénario 4 – Campagnes maillées des réseaux de villes**
Type de gouvernance	Laissez-faire Pilotage par les communautés d'agglomération Les ménages aménagent le territoire Activités économiques sur le marché mondial	Gouvernance hybride mêlant public et privé, clubs et collectivités locales Laboratoires d'interterritorialité Place des intermittents dans la gouvernance ?	Gouvernance des régions européennes Fortes politiques axées sur l'énergie et l'environnement, réduction de la mobilité automobile et résidentielle	Pilotage décentralisé par les collectivités territoriales avec le soutien d'un État régulateur Tissu associatif Projets de territoire mettant en mouvement les acteurs (dont les agriculteurs), animant des réseaux villes-campagnes, sur le modèle des Parcs naturels régionaux
Enjeu de gouvernance	Enjeu du foncier : pour la structuration des espaces, frontières entre dynamiques urbaines et dynamiques agraires	Enjeu de valorisation du patrimoine paysager, productif, culturel, immatériel	Risque de la concentration urbaine : segmentation spatiale et sociale entre la ville, la campagne productive et la nature protégée	Enjeu de conciliation des diversités des usages, des espaces, des productions
Principale question	Comment maîtriser les enjeux fonciers ? Quels acteurs des projets interterritoriaux ?	Comment stimuler des dynamiques locales à forte valeur ajoutée ? Avec qui ?	Comment rendre supportable la densité urbaine ? Logement, transport, ruralité urbaine. Quels liens aux autres espaces ruraux ?	Comment fédérer tous les acteurs du projet territorial, en ouverture sur le monde ? Comment piloter la diversité des usages pour un dévelop-pement territorial équilibré ?

Politiques publiques dans le scénario 1

La réalisation du scénario 1 des ruralités périurbaines et intersticielles, marqué par un certain laisser-faire, appelle à côté des pouvoirs de l'agglomération des politiques publiques dans divers domaines. En termes d'aménagement, maintenir le processus de métropolisation sans trop d'engorgement exige que toute zone logistique ou d'activités soit reliée à un réseau de transport collectif performant (une législation de ce type existe aux Pays-Bas et en Suisse). Pour le reste, le droit actuel de l'urbanisme convient ; les zones proches des villes ont plus un caractère résiduel qu'une organisation spatiale pensée pour elle-même. Concernant les politiques foncières, il y a une dualité des politiques : l'État assure la protection de la nature tandis que les agglomérations mettent en œuvre leurs propres orientations. Une partie de la taxe professionnelle (départementale ou régionale) peut être affectée au portage à long terme des zones agricoles dans les terrains soumis à pression. En matière de logement, la politique actuelle peu territorialisée est maintenue, mais les habitations à loyer modéré (HLM) sont construites seulement en zone métropolisée. Pour les transports, la faisabilité de voitures à propulsion électrique apparaît comme un facteur-clef pour ce scénario. Le pilotage des transports pour développer l'intermodalité[15], les pôles d'échanges, les rocades se fait au niveau des agglomérations ; le reste des actions concernant le transport est conduit au niveau départemental.

Pour maîtriser l'étalement urbain, on peut envisager une polarisation des nouveaux espaces autour des axes de transport, grâce à l'aménagement des parcs périurbains, des espaces ouverts, des corridors écologiques ou avec une agriculture périurbaine. Ce sont les gouvernances territoriales (et notamment le rôle du département) qui, en fait, arbitreront entre les diverses bifurcations possibles.

Politiques publiques dans le scénario 2

Le scénario 2 des ruralités temporelles et connectées est tendanciel sur le plan de l'urbanisme, de la politique foncière et des transports. Pour le logement, l'offre en habitations à loyer modéré (HLM) est généralisée dans le rural, en abaissant le seuil d'application de la loi de solidarité et renouvellement urbain (SRU) de 3 000 à 1 000 habitants. Les innovations dans les usages (de la propriété à la location, échanges d'appartements) sont encouragées, en faisant évoluer le statut des meublés, en réduisant les droits de mutation et en incitant à l'utilisation des logements qui restent vides une grande partie de l'année par exemple. Les villes sont reliées par des transports rapides (TGV), couplés pour les déplacements de proximité à la location de voitures (train + auto), taxis ou vélos, permettant de desservir les territoires ruraux notamment. Le droit du travail et les conventions collectives favorisent le regroupement d'activités sur quelques jours. Les espaces agricoles sont au cœur des logiques de développement territorial, et font l'objet de politiques spécifiques, nationales ou régionales. Des politiques publiques de valorisation des patrimoines naturels et culturels, ainsi que de développement des technologies

---

[15] L'intermodalité désigne l'utilisation de plusieurs modes de transport au cours d'un même déplacement.

de l'information et de la communication, sont mises en œuvre pour favoriser l'économie présentielle.

Politiques publiques dans le scénario 3

La réalisation du scénario 3 des ruralités en ville, productives, naturelles part du constat de changements profonds dans les pratiques de mobilité individuelle, en l'absence de solutions techniques permettant la continuation des mobilités automobiles. De ce point de vue, de forts réseaux de transports urbains collectifs relient les métropoles, complétés dans les villes par des transports urbains et divers modes de transports doux (vélos, chevaux…). Le pilotage des politiques de transport se fait dans le cadre de conférences des transports (régions, agglomérations, opérateurs…) qui ont un pouvoir sur la circulation et le stationnement. Les règles d'urbanisme sont régies par la région urbaine, pour encourager la densification démographique au centre de la ville et la concentration des emplois en zone urbaine. Une mesure phare consiste en une réduction législative des normes de parking, favorisant la création d'emplois dans les seuls lieux desservis par les transports en commun (cf. politique ABC aux Pays-Bas). En termes de logement, la décroissance de la surface habitable par ménage est telle qu'elle atteint les normes de 1975, avec de forts taux de suroccupation. La dualité du parc de logement s'accentue, entre le parc privé et le parc social. Le pouvoir de tutelle des autorités urbaines s'étend sur les régions et départements (avec un contrôle des schémas de cohérence territoriale, SCoT notamment).

Politiques publiques dans le scénario 4

Le scénario 4 des ruralités recomposées dans les espaces multipolarisés se fonde sur une forte gouvernance territoriale, soutenue par un État qui encourage les politiques de développement et en faisant respecter les règles, régule la concurrence entre territoires. La généralisation des SCoT sur tout le territoire permet de consolider les petites villes et d'éviter la diffusion des zones urbanisées dans les espaces ruraux. Les Plans locaux d'urbanisme (PLU) sont en conformité avérée au SCoT. Il y a un contrôle des permis de construire octroyé hors Plu, éventuellement par l'État. En contrepartie, un soutien national, régional ou départemental en ingénierie territoriale est fourni aux communes afin qu'elles élaborent des documents d'urbanisme. Sur les questions foncières, les mécanismes de taxe professionnelle unique (TPU) sont généralisés aux communes acceptant une croissance modérée, avec une partie des taxes affectée à des politiques foncières locales (par exemple pour les réseaux d'assainissement). Les politiques nationales pour le logement sont poursuivies, avec une aide à la pierre pour les logements neufs localisés en zone urbaine. Les transports collectifs de surface à courte et moyenne distance sont développés, ainsi que les réseaux de transport à la demande et le covoiturage, tandis que le transport ferroviaire régional (Ter) permet l'accès aux grandes villes et aux pôles d'échanges (aériens). Les infrastructures en nouvelles technologies numériques sont généralisées, notamment pour structurer le marché des services au sein des réseaux de bourgs et petites villes. Les espaces agricoles ne font pas l'objet de protection juridique spécifique, car ils sont sous la surveillance du département et de l'État avec un avis des chambres d'agriculture.

Tableau 9. Les politiques publiques en soutien.

	Scénario 1 – Campagnes de la diffusion métropolitaine	**Scénario 2 – Campagnes intermittentes**	**Scénario 3 – Campagnes au service de la densification urbaine**	**Scénario 4 – Campagnes maillées des réseaux de villes**
Urbanisme	Toutes les zones d'activité et logistiques reliées à des réseaux de transport en commun (loi) ; droit actuel pour le reste	Scénario tendanciel pour l'urbanisme, le foncier, le transport	Pouvoir de la région urbaine, population densifiée et emplois sans parking, contrôle des SCoT	Généralisation des SCoT aux départements. Contrôle des permis de construire hors PLU. Aide en ingénierie territoriale de la part de l'État, la région et du département
Foncier	Dualité : agglomérations (habitat), État (gestion de la nature)		Activités localisées et accès aux équipements logistiques	Généralisation de la TPU (Taxe professionnelle unique) pour les communes à croissance modérée, pour financer les politiques foncières locales
Logement	Maintien de la politique actuelle peu territorialisée, HLM en zone métropolisée	Modification loi Solidarité et renouvellement urbain (SRU) : passage du seuil de 3 500 à 1 000 habitants, offre HLM en rural. Appui aux mobilités : location, partage, droits de mutation réduits	Réduction de la surface par ménage : dualisation du parc (normes, situation de fait)	Aide à la pierre en zone urbaine (zone N)

	Scénario 1 – Campagnes de la diffusion métropolitaine	Scénario 2 – Campagnes intermittentes	Scénario 3 – Campagnes au service de la densification urbaine	Scénario 4 – Campagnes maillées des réseaux de villes
Espaces naturels et agricoles	Droits de protection des espaces agricoles et naturels (au niveau régional ?), affectation de la taxe professionnelle	Droits assurant la protection des espaces agricoles. Patrimonialisation des espaces naturels	Production agricole libre entre ville et nature : unités agro-industrielles, sites spécialisés, en fonction de l'accessibilité et de la productivité	Pas besoin de protection juridique pour les espaces agricoles : avis des chambres d'agriculture, sous surveillance de l'État et des départements
Transport	Maîtrise des coûts, de l'énergie, de la pollution Intermodalité entre agglomération et département, pôles d'échange	TGV et transports de proximité (locations, taxis)	Pilotage régional (circulation tous modes + stationnement), modes de transport doux	Transports à courte et moyenne distance : TER, route, Transports à la demande, covoiturage
Droit du travail, technologies de l'information et de la communication		Concentrer l'activité sur quelques jours et télétravail		Numérique (technologies de l'information et de la communication) : infrastructures, usages, ouverture

Enseignements et questions prospectives posées par les nouvelles ruralités identifiées

Plusieurs leçons peuvent être tirées de cet exercice de prospective.

Partie de l'idée que le phénomène majeur de transformation des campagnes était la périurbanisation, la prospective Nouvelles ruralités a été progressivement conduite à repenser des relations plus diverses entre les villes et les campagnes. En effet, à côté des tendances lourdes d'urbanisation et de métropolisation, de nouvelles dynamiques à l'œuvre dans les territoires ont été mises en évidence notamment du fait des mobilités des personnes et de la diversité des usages, à la base d'une économie résidentielle.

D'où une première leçon : désormais, le devenir des campagnes ne peut plus se concevoir indépendamment de celui des villes. En somme, les campagnes ont besoin des villes pour créer des richesses (économiques, technologiques et culturelles). Et les villes ont besoin des campagnes pour offrir des lieux de vie répondant aux attentes des urbains comme des ruraux, assurer une production agricole diversifiée capable de nourrir les populations locales et d'être compétitive sur les marchés mondiaux, développer la qualité des paysages et construire de nouveaux enjeux de patrimonialisation, veiller à la reproduction des ressources naturelles et au maintien de la biodiversité.

Face à la complexité des processus en cours, et à la nécessité de gérer ce qu'Armand Frémont propose d'appeler la « géodiversité » des territoires, on a besoin à la fois des villes et des campagnes, donc d'une nouvelle alliance entre villes et campagnes.

La deuxième leçon est la suivante : il convient de raisonner non plus seulement sur les évolutions des espaces ruraux, mais de manière plus générale, afin de prendre en compte les pratiques quotidiennes des personnes et les formes de gouvernance des acteurs, sur les devenirs des territoires ruraux. Dès lors que les critères classiques définissant le « rural » deviennent inopérants, cet exercice de prospective invite à un important effort pour construire de nouvelles grilles de lecture des ruralités à l'œuvre.

À partir de ces deux enseignements, deux séries de questions prospectives peuvent être formulées.

La première série de questions porte sur la durabilité des tendances lourdes ou signaux faibles observés quant aux comportements des personnes, notamment en termes de mobilités et de diversité des usages des territoires, face aux coûts du transport, à la raréfaction de certaines ressources ou aux enjeux environnementaux. Le scénario 3 prend d'ailleurs à cet égard le parti d'une rupture de comportements. La question générale posée est de concilier ces nouvelles exigences écologiques avec les dynamiques récentes, mais encore fragiles, des territoires ruraux. La question prospective peut être formulée en termes de : « jusqu'où… ne pas ? » En l'occurrence, jusqu'où favoriser les mobilités, l'économie résidentielle, la spécialisation des territoires dans l'accueil de certaines populations, afin de ne pas mettre en péril les équilibres économiques, écologiques, sociaux, à garantir aux diverses échelles (régionales, nationales, européennes ou mondiales) ? Se trouve ainsi mis en évidence, quelles que soient les incertitudes relatives aux facteurs exogènes, l'enjeu de nécessaires régulations pour permettre un développement durable, équilibré et diversifié, aux divers niveaux.

La seconde série de questions porte sur les modalités de gouvernance territoriale susceptibles de faire advenir ces nouvelles ruralités. Constatant les difficultés que rencontre la mise en œuvre des politiques publiques, va-t-on adopter une attitude de laisser-faire ? Se soumettre à l'influence de réseaux pouvant conduire à la privatisation de certains espaces ? À l'inverse, va-t-on conduire des politiques volontaristes, voire coercitives ? Ou innover dans les modes de gouvernance territoriale en associant l'ensemble des parties prenantes à la conception et à la mise en œuvre de projets capables d'infléchir le cours des choses ?

Une question prospective est alors celle des formes de participation des acteurs concernés par la gouvernance territoriale : d'une part, comment peuvent être entendues les voix des personnes qui habitent, de manière intermittente, plusieurs territoires mais qui, néanmoins, éprouvent un attachement fort à leur égard ? Comment, dans des mondes dominés par les villes, favoriser l'écoute et l'engagement d'acteurs capables de promouvoir ces nouvelles ruralités ? Comment, dans ces nouvelles compositions rurales, prendre en considération les compétences spécifiques des agriculteurs ?

À une échelle plus large, l'interterritorialité est un enjeu crucial de gouvernance des territoires. Même s'il ne revient évidemment pas à cette prospective de traiter directement de ses enjeux que Martin Vanier (2008) explicite dans son ouvrage récent, l'interterritorialité pose la question du passage d'un « *monde de territoires, plus ou moins cloisonnés, parce que toujours plus convaincus d'être souverains* », à « *un monde interterritorial (...) dont l'efficience ne vaut que par la régulation du système malgré toute sa complexité en échelles, et renvoie directement à la problématique de la mondialisation* ».

En conclusion, la prospective Nouvelles ruralités, loin de toute vision alarmiste sur le devenir des espaces ruraux et de l'agriculture, a démontré que de nouvelles formes de ruralités sont à l'œuvre, alors que les espaces urbains ne sont plus les villes d'autrefois. De manière diverse, ces nouvelles ruralités peuvent concourir à cinq enjeux d'envergure qu'il importe de concilier :

– nourrir les populations par une agriculture productive, garantir la sécurité sanitaire de l'alimentation à des coûts limités sur des marchés locaux et mondialisés ;

– offrir un cadre de vie de qualité aux populations qui résident, de manière permanente ou temporaire, sur des territoires attractifs (paysages, nature, espaces verts, forêts, produits du terroir, patrimoine…) ;

– permettre le fonctionnement d'une économie territoriale diversifiée (productive, résidentielle, agrotourisme, loisirs…) ;

– assurer une fonction environnementale, valoriser le patrimoine, concourir à la biodiversité, dans le cadre d'une économie de l'environnement et du développement durable… ;

– contribuer à un aménagement du territoire équilibré où les espaces ruraux (naturels et agricoles) ne sont plus résiduels mais, combinant les fonctions précédentes, modèrent, voire modèlent, via des procédures de protection spécifiques, l'expansion des zones urbanisées.

Chapitre 6

L'agriculture dans les scénarios
de Nouvelles ruralités

Bernard Hubert et Francis Aubert
avec les contributions de Patrice Devos et Catherine Donnars

En explorant les futurs possibles des ruralités, les scénarios interrogent le devenir de l'agriculture dans toute sa diversité et permettent d'envisager l'environnement spatial, économique, social et écologique dans lequel elle pourrait être amenée à évoluer. Il est ainsi possible dans chaque scénario, d'envisager les contributions et les rôles que les diverses formes d'agriculture peuvent jouer dans la transformation des territoires et les contraintes auxquelles elles devront répondre. Les scénarios permettent alors d'éclairer les principaux enjeux qui se posent à l'agriculture pour les décennies à venir, et d'interroger ses capacités à y répondre dans des contextes territoriaux contrastés.

Place et contributions de l'agriculture
dans les quatre scénarios

Scénario 1 – Les campagnes de la diffusion métropolitaine : l'enjeu foncier pour une agriculture polarisée par l'urbain

Dans ce scénario, l'agriculture s'organise de manière assez concentrique à partir des pôles urbains, sa localisation répondant à de fortes concurrences sur les usages du foncier. Dans cette situation, une nouvelle frontière entre la dynamique d'urbanisation et la résistance agraire est à gérer. Au plus près des dynamiques d'urbanisation, des activités agricoles nécessitant peu d'espace pour un revenu acceptable se développent dans les espaces interstitiels : du maraîchage (en agriculture biologique, avec des Amap, ou de l'agriculture plus conventionnelle), de l'horticulture, ou encore des fermes pédagogiques, des fermes avec ateliers équestres, etc. Le caractère spéculatif de ces activités est d'autant plus fort que l'instabilité foncière est avérée. S'y associe éventuellement une pluriactivité des ménages (en fonction des opportunités urbaines). Néanmoins, les formes d'agriculture périurbaines, voire urbaines, ne sont viables et vivables que sous réserve du respect de réglementations sur la proximité des activités agricoles et d'élevage avec les habitations. Ces types d'agriculture sont également compromis lorsque la densité du bâti et de la voirie, et les difficultés qu'elles induisent sur la mobilité des agriculteurs deviennent incompatibles avec les activités quotidiennes. Cette résistance cède lorsque les marchés fonciers deviennent trop concurrentiels ; le bâti se développe alors, et la frontière agricole s'éloigne un peu plus loin. Au sein du maillage périurbain, des espaces naturels protégés (forêts ou zones humides) résistent mieux et se maintiennent, du fait de leur caractère récréatif (et imaginaire) pour les populations urbaines. Ainsi, le devenir de l'agriculture est ici étroitement lié à la question du contrôle ou non des enjeux fonciers (zonages, réglementations…).

À distance de ces enjeux fonciers et à l'extérieur des aires urbaines, se développent divers types d'agriculture avec de faibles contraintes environnementales : une production intensive agro-industrielle, ou des productions en Appellation d'origine contrôlée (AOC) ou en Indication géographique protégée (IGP) pour les circuits de grande distribution ; de la forêt de production ou sous protection, ou encore des aires naturelles protégées.

Scénario 2 – Les campagnes intermittentes des systèmes métropolitains : maintenir le patrimoine paysager, culturel, productif

Dans ce scénario, les individus intermittents recherchent des espaces qui ont gardé un certain cachet du point de vue des paysages, des modes de vie, des produits typés. Pour l'agriculture, cela se traduit par un fort appel aux produits AOC ou « Bio » et à la mise en place de marchés de proximité, (relayés par des commandes sur le net auprès de réseaux de producteurs bien connus et organisés pour livrer à distance et rapidement). Sur ces territoires, la présence d'espaces protégés n'est pas seulement perçue comme une contrainte mais apparaît comme un atout pour la qualité des paysages et des ressources (eau, air), mais aussi pour les styles de vie et les activités (tourisme pédestre ou équestre, observation de la faune, découverte de la flore, chasse, pêche). Cela implique des pratiques agricoles maîtrisées sur le plan de la protection de l'environnement et de la biodiversité et ouvre des perspectives de diversification aux exploitations agricoles (hébergement dans des gîtes, auberges, activités équestres, vente directe de produits transformés, etc.). Ce modèle s'avère peu compatible avec une agriculture industrielle et celle-ci se trouve largement reléguée à l'extérieur de ces territoires attractifs qui, somme toute, sont relativement localisés et limités dans l'espace.

La notion de patrimoine, les dynamiques locales et les procédures politiques pour inventer (ou réinventer) du patrimoine, seront ici centrales. À travers leurs effets sur le territoire, les dynamiques technico-économiques de l'agriculture peuvent parfois contrarier les évolutions envisagées.

Scénario 3 – Les campagnes au service de la densification urbaine : un espace rural dual

En dehors des villes denses, l'espace rural, faiblement peuplé, s'organise de façon duale, entre d'une part des terres agricoles et d'autre part la « nature ». L'organisation spatiale et les modes de production agricole sont essentiellement définis par des critères de performance technico-économique, qui, étant donné le coût de l'énergie et les contraintes d'accès au marché, favorisent des formes relativement intensives de production de biens alimentaires et non alimentaires. Le paysage agricole s'organise ainsi sous forme d'îlots spécialisés, avec comme enjeu – étant donné le coût de l'énergie – d'organiser au mieux les complémentarités et les synergies entre ces îlots et leur environnement proche – échanges de matière organique, production locale d'énergie, etc. Face au problème de l'énergie notamment, les exploitations agricoles tentent en priorité de s'assurer une certaine autonomie (agrocarburants, biogaz, éoliennes…), voire mutualisent leur approvisionnement en énergie dans de petites structures locales. Les zones de production situées aux abords des grands nœuds de logistique et des ports disposent d'avantages considérables.

Par ailleurs, de vastes espaces naturels et de grands massifs forestiers assurent diverses fonctions environnementales : préservation des ressources, biodiversité et fixation du carbone, protection contre les risques naturels. La frontière agraire connaît deux fronts : d'un côté la ville dense – dans ce cas ce n'est plus le coût du foncier mais la distance et le coût des déplacements qui fixent le front –, et de l'autre les espaces protégés par des conventions internationales ou des règlements communautaires, sous la vigilance d'acteurs associatifs.

Quant à l'agriculture intra-urbaine, l'enjeu principal est son intégration économique, sociale et environnementale dans un espace contraint (proximité des lieux d'habitation), qui se pose notamment en termes de gestion de l'eau (recyclage, effluents, etc.), de l'énergie et des risques sanitaires.

Scénario 4 – Les campagnes dans les mailles des réseaux de villes : garantir la compatibilité d'une diversité de formes productives

Ce scénario repose sur une diversité de modes de production agricole (intensif, conventionnel, bio, etc.) qui, associés à différentes formes d'organisation des filières (filières industrielles tournées vers l'agroalimentaire, les agrocarburants ou la chimie verte ; dispositifs de vente directe et sur les marchés locaux ; AOC-IGP, etc.), assurent de fortes dynamiques territoriales. Cette diversité de systèmes de productions et de filières participe de l'activité des réseaux de petites villes et de bourgs, qui accueillent l'industrie et l'artisanat à l'amont et à l'aval des activités agricoles.

Cette diversité agricole assure un paysage varié, complexe grâce à l'adaptation des techniques et des modes de production à la variété des sols, des pentes, à la présence de zones humides, etc. Ce maillage agricole s'enchevêtre avec des espaces protégés (petites réserves de faune et de flore, berges de rivières, ripisylves et petites zones boisées). Les mesures environnementales encouragent le maintien de la qualité écologique et paysagère des espaces cultivés (bandes enherbées, entretien et reconstitution des haies, réduction des traitements phytosanitaires, protection des captages d'eau potable, etc.).

Les différents types d'agriculture et d'élevage jouent, par leur diversité, un rôle moteur dans l'attractivité et les dynamiques territoriales. L'enjeu majeur est donc, dans ce scénario, de garantir un équilibre durable entre ces différents types d'agriculture et de rendre possible leur cohabitation sur un même territoire : agriculture biologique et conventionnelle, utilisation de semences avec ou sans OGM, grandes structures et petites exploitations, etc. Cela pose en particulier la question de la gestion institutionnelle (administrative, réglementaire et politique) de cette diversité.

Ainsi, les transformations à l'œuvre dans les territoires ruraux réinterrogent l'agriculture et modifient son environnement. Ces recompositions territoriales mettent en tension les pratiques agricoles, questionnent l'organisation des filières, redessinent la répartition spatiale des productions et des systèmes. Quels que soient les scénarios d'évolution des ruralités, l'agriculture est porteuse d'attentes sociétales très fortes, qui d'une part appellent l'agriculture à jouer des rôles multiples, et d'autre part sont vecteurs de contraintes et d'opportunités nouvelles.

Les grands enjeux agricoles au regard des scénarios d'évolution des espaces ruraux

Il s'agit ici de mobiliser les scénarios pour éclairer les principaux enjeux qui touchent l'agriculture d'aujourd'hui et vont sans doute bouleverser ses trajectoires d'évolution : l'énergie, le changement climatique, l'alimentation, la biodiversité. L'entrée par l'espace et la perspective des rapports ville-campagne apporte des éclairages particuliers sur ces enjeux, en recherchant l'effet des différents changements envisagés sur l'agriculture en fonction des scénarios, et la capacité de l'agriculture à répondre, dans ces contextes territoriaux contrastés, aux défis globaux qui se posent à elle.

Les enjeux énergétiques posés par les scénarios à l'agriculture

La question centrale sur le plan de l'énergie est celle de la raréfaction des sources classiques qui induit un renchérissement des coûts de déplacement et de transport des marchandises. L'agriculture et la forêt sont des sources potentielles de produits énergétiques de substitution (agrocarburants de seconde génération, biomasse, etc.).

Dans le scénario 1, le maintien des mobilités (conditionné par une substitution aux énergies fossiles réussie et relativement peu coûteuse) se traduit par une certaine spécialisation régionale des productions. Mais la ségrégation entre les espaces de production et les espaces naturels, et le rythme important de l'artificialisation des sols vont dans le sens d'une concurrence exacerbée entre les usages des sols, – contexte dans lequel les productions énergétiques agricoles et forestières doivent trouver leur place. L'hypothèse du recours à des agrocarburants de seconde génération (utilisation de coproduits des productions alimentaires, de plantes entières) pourrait limiter la concurrence foncière entre débouchés alimentaires et non alimentaires. Dans les scénarios 2 et 4, l'existence d'une démarche de projet de territoire, et l'intégration éventuelle d'un objectif d'autonomie énergétique dans ce projet, permet d'envisager un certain degré de conciliation entre acteurs pour organiser les différents usages productifs des terres.

En revanche, dans le scénario 3, les solutions techniques de substitution n'ayant pas permis de limiter le coût de l'énergie, l'augmentation significative (drastique) des coûts de transport tend à redistribuer les productions agricoles relativement près de la ville, selon leur sensibilité au coût de transport (aspects pondéreux, sanitaires, périssabilité). Elle encourage la constitution de bassins de production relativement autonomes (organisation en « marguerite » autour des aires urbaines). La nécessité pour les exploitations agricoles de s'assurer une certaine autonomie (notamment sur le plan énergétique) est susceptible d'interroger les capacités de l'agriculture à réorganiser des complémentarités et des synergies avec son environnement proche, pour limiter sa dépendance vis-à-vis de territoires lointains (par exemple la matière organique, les protéines pour l'alimentation animale, la production locale d'énergie, etc.).

Dans tous les scénarios, à des degrés plus ou moins élevés selon les coûts d'accès à l'énergie, les pratiques et les systèmes de production mis en œuvre sont profondément questionnés : traction, travail du sol, intrants, organisation spatiale des productions, assolements, collecte, logistique, etc., devront être repensés, sur la base de cette donnée technico-économique incontournable.

Les enjeux liés au changement climatique

Concernant la gestion du carbone tout d'abord, la mise en place de puits de carbone peut entrer en concurrence avec les autres usages des sols. La ligne de partage en jeu est celle qui distingue les terres affectées à des productions à cycle court, pour des usages alimentaires ou énergétiques, de celles qui correspondent à des cycles longs, ce qui revient essentiellement à la distinction entre l'agriculture et la forêt et les pâturages. La disponibilité de terres qui pourraient être enforestées pour cette fonction varie d'un scénario à l'autre. Dans le scénario 4, il n'y a pas de spécialisation fonctionnelle des espaces, mais un maillage du territoire où les activités se répartissent de façon équilibrée ; ce sont alors les espaces naturels insérés dans ce maillage qui pourraient devenir puits de carbone. Dans les scénarios 1 et 3, où au contraire il y a une partition nette entre espaces naturels et zones de production, les réserves naturelles et les massifs forestiers pourraient être dédiés, entre autres, à cette fonction.

Par ailleurs, l'enjeu du changement climatique pose la question de la réduction des émissions de gaz à effets de serre par les activités agricoles et d'élevage, ainsi que celle de l'augmentation du potentiel de stockage dans les sols agricoles par de bonnes pratiques. Moins les possibilités de compensation par captation de carbone sont étendues (scénario 1, 2 et 4), plus les modes de production sont amenés à s'adapter (intrants, pratiques culturales, choix et succession des cultures, innovations dans l'élevage, etc.).

Plus largement, c'est l'aptitude des écosystèmes naturels et anthropisés à s'adapter aux changements globaux qui est questionnée par la perspective du changement climatique, et en particulier celle des agrosystèmes et des écosystèmes forestiers. Bien que cette question n'ait pas été approfondie au regard de la prospective Nouvelles ruralités 2030, il est probable que les différents scénarios soient plus ou moins favorables à la résilience des écosystèmes (capacité à résister à de brusques perturbations) et à leur connectivité – qui autorise notamment la circulation des espèces. En effet, la spécialisation des espaces de production – qui peut être assez poussée dans les scénarios 1 et 3 –, la mise sous cloche des réserves de biodiversité – et leur éventuel isolement, possible dans le scénario 3 – ou au contraire l'enchevêtrement d'une diversité de milieux et de modes de production (scénario 4) apportent à priori des réponses contrastées aux perturbations écologiques liées au changement climatique.

Les questions liées à la gestion de l'eau

Les systèmes de production agricole sont particulièrement interpellés par les questions de préservation des ressources en eau : impliqués dans leur évolution qualitative et quantitative, ils en sont également très dépendants. De plus, le changement climatique est susceptible d'affecter la disponibilité en eau et son usage.

La gestion de cette ressource tient principalement au dispositif de gouvernance dans lequel est insérée l'agriculture et aux rapports de force qui s'y établissent. Les situations décrites par les scénarios 2 et 4 donnent à priori la primauté aux arrangements locaux, alors qu'une forte asymétrie marque les scénarios 1 et 3. Dans les scénarios 2 et 4, la production agricole est intégrée dans l'économie des territoires et la cohabitation avec les autres usages productifs ou résidentiels est gérée par *modus vivendi*. Cependant, la croissance démographique dans les espaces ruraux a de fortes chances d'exacerber les conflits locaux pour la ressource ; de plus, un contrôle plus direct et plus précis sur les risques environnementaux et sanitaires liés aux pratiques agricoles et d'élevage (produits phytosanitaires, gestion des effluents…) est probable en cas de cohabitation étroite sur les territoires – y compris dans les zones périurbaines du scénario 1. Dans les scénarios 1 et 3, ce sont les usages urbains qui « surdéterminent » le mode de partage de la ressource, au profit relatif des ménages et des villes.

Pour tous les scénarios, le prix de l'eau et les contraintes d'accès augmentent, ce qui donne avantage aux systèmes de production agricole économes en eau. L'exacerbation des risques de conflits d'usage et l'augmentation des risques sanitaires orientent fortement les modes de gouvernance et de concertation à se développer à des échelles territoriales pertinentes, afin de faire le lien entre les caractéristiques des bassins, la densité de peuplement et l'intensification des systèmes de production agricole.

Les enjeux liés à la couverture des besoins alimentaires

Les enjeux liés à l'alimentation se posent en termes de couverture des besoins alimentaires d'une population croissante, en volumes de production agricole d'une part, mais également de qualité des produits et d'évolution des modes de consommation (relations entre les producteurs et les consommateurs, circuits courts, grande distribution…).

Pour tous les scénarios, le défi majeur est de produire plus et plus durablement. Les scénarios projettent des images différenciées de la capacité de production de l'agriculture. Le scénario 3 peut préfigurer une situation de couverture des besoins de la ville dense en associant des productions de masse à distance avec des productions intensives dans l'aire urbaine. À l'opposé, dans le cas du scénario 1 où les espaces de production agricole sont plus limités mais la mobilité forte, la satisfaction de la demande alimentaire passe davantage par l'intensification et la spécialisation, en prolongement de la situation actuelle. Cela suppose, d'une part un niveau soutenu d'échanges entre les territoires – la spécialisation accroît les interdépendances. Cela pose d'autre part la question de la capacité à mettre au point des systèmes à la fois intensifs et durables, dans un contexte de spécialisations régionales poussées et dans des milieux écologiquement peu favorisés (milieux fragmentés par l'urbanisation diffuse, concurrences urbaines sur les ressources naturelles). Dans le scénario 4, la diversité des agricultures au sein même des territoires offre des produits pour la demande locale et pour les échanges extérieurs ; dans ce scénario, ce sont les conditions de coexistence au sein du maillage agricole de systèmes intensifs, extensifs et d'espaces naturels qui doivent davantage être réfléchies.

Les modes de consommation alimentaire sont également susceptibles d'évoluer avec les styles de vie et le rapport des individus au territoire. Dans le périurbain (scénario 1), la proximité entre producteurs et consommateurs, par le biais de filières courtes (marchés, centrales de producteurs, paniers), est recherchée. Elle apparaît comme un moyen de dialogue et de confiance réciproque entre usagers du territoire, en créant un lien explicite entre pratiques agricoles, produit alimentaire et lieu de vie. Dans le cas du scénario 3, le mode de vie est exclusivement urbain et les produits sont majoritairement issus de l'agro-industrie (au sein de circuits de grande distribution). Dans cette situation de distance des consommateurs par rapport à la production, la mise en place de labels et de signes de qualité (sanitaire et environnementale) apparaît comme un moyen de sécuriser et d'informer sur les modes de production mis en œuvre, et d'affirmer l'ancrage territorial d'un produit. Dans le cas de la production dans l'urbain ou le périurbain (scénario 3 et 1), la maîtrise des risques sanitaires apparaît particulièrement incontournable (risque de zoonose en zone urbaine par exemple). Dans le scénario 2 des campagnes intermittentes, c'est davantage le lien du produit au terroir et sa qualité gustative qui sont recherchés, par le biais de la vente directe au sein même des territoires, ou à distance par le biais de filières longues avec appel aux signes de certification (AOC, IGP, etc.).

Ainsi, l'évolution des modes de vie, les changements de représentations sociales de l'agriculture et de la nature, du rapport aux territoires (échanges, production intra-urbaine, etc.) renvoient à l'organisation des filières (traçabilité, labels), aux modes de réglementation, à la gestion des risques sanitaires ainsi que les pratiques agricoles à mettre en place pour répondre à ces enjeux.

Les enjeux de biodiversité

L'agriculture est également fortement impliquée dans les questions liées à la biodiversité. Dans toutes les situations, un enjeu fort est d'éviter l'érosion de la biodiversité, en limitant l'impact des pratiques de production, et de réfléchir à la contribution de l'agriculture (et ses conditions) au maintien de cette diversité. En outre, deux approches de la gestion de la biodiversité se distinguent ; elles traduisent plus largement deux modes d'articulation entre espaces naturels et agricoles :
– d'une part, des solutions plutôt intégrées à l'échelle des territoires qui peuvent être privilégiées dans les scénarios 1, 2 et 4, cherchant à combiner les fonctions écologiques des écosystèmes naturels et des agrosystèmes. Cette voie suppose d'adapter au mieux les pratiques aux spécificités des milieux, ce qui suppose également une connaissance fine et intégrée des territoires ;
– une autre voie (plutôt illustrée par le scénario 3, mais qui peut être adoptée à des degrés divers dans tous les scénarios) consiste à attribuer les fonctions de préservation de la biodiversité à des sites délimités, voire à certaines exploitations, en leur conférant la production de services écologiques, comme la fourniture d'espèces pouvant réguler les ravageurs et la pollinisation des cultures, le recyclage des déchets, la préservation des ressources en eau (etc.).

Dans le scénario 1, la question de la connectivité écologique des milieux est particulièrement importante, dans un contexte de forte fragmentation des espaces par l'urbanisation. En participant à la structuration des espaces périurbains (trames vertes, bleues), l'agriculture peut jouer un rôle clé dans la préservation de la biodiversité. Se pose également la question de la diversité biologique des espaces ruraux en déprise et qui se referment (scénario 3), et du rôle que peuvent jouer l'agriculture et l'élevage pour « tenir » ces espaces, par exemple, l'élevage extensif en montagne.

La question du travail agricole

Le dernier enjeu concerne les migrations internationales ; il s'agit d'un défi sur le plan international qui va connaître une intensité croissante dans les décennies envisagées dans la prospective, et qui comporte des incidences majeures pour l'agriculture. Dans une situation de croissance démographique mondiale et de multiplication des événements climatiques extrêmes, on pourrait envisager des mouvements massifs de population en situation de malnutrition ou de famine cherchant à se rapprocher des lieux de production. Mais même si l'on ne se situe pas dans des perspectives aussi dramatiques, les flux de population ont toute chance d'être importants et croissants. Ces mouvements pourraient concerner l'agriculture et les espaces ruraux de deux manières : en fonction de la localisation des populations migrantes et en fonction de leur apport sur le marché du travail. Pour la période contemporaine, les choix de localisation des migrants renforcent les métropoles en raison de l'organisation des filières de l'immigration et des conditions d'accueil (travail clandestin, etc.). La poursuite de cette tendance serait favorable aux scénarios métropolitains (scénarios 1 et 3), mais une autre tendance peut aussi être envisagée : la localisation des migrants dans les villes moyennes voire à la campagne – une telle perspective serait associée au scénario 4. Le scénario 3 préfigure la forme la plus habituelle de ces mouvements de population, en ouvrant des postes de travail dans des complexes agroalimentaires en zone urbaine avec logement dans l'aire métropolitaine, mais des formes plus décentralisées peuvent être entrevues avec les scénarios 2 ou 4. Dans tous les cas, se pose la question du travail dans les espaces les plus éloignés et de la capacité à attirer une main-d'œuvre rare dans des situations d'emploi peu gratifiantes.

Conclusion

L'examen de ces grands enjeux pour l'agriculture, au travers des scénarios d'évolution des ruralités, met en lumière des formes variées de rapports au territoire, avec des activités plus ou moins reliées aux dynamiques locales, et plus ou moins autonomes vis-à-vis de l'extérieur. Chaque situation territoriale interroge les capacités propres de l'agriculture à répondre à ces enjeux, mais met également en avant l'importance de ses rapports avec son environnement naturel, social et politique. Les choix en matière de gouvernance des territoires apparaissent comme cruciaux, posant la question des modalités d'intervention, des outils de concertation entre acteurs et de l'orientation des politiques publiques. Mais ce sont surtout l'implication des acteurs agricoles dans les dispositifs de gouvernance territoriale et leur positionnement dans les rapports de force qui apparaissent déterminants des orientations locales. L'enjeu foncier est particulièrement décisif dans la plupart des situations explorées. C'est aussi le métier d'agriculteur lui-même qui, en filigrane de toutes ces transformations, est profondément interpellé : type de structures agricoles et division du travail, multiplicité des compétences, diversification des activités, développement de l'emploi salarié, changements des styles de vie, pluriactivité des ménages et relation à la ville…, autant d'éléments qui influencent l'évolution du métier et la perception de sa place au sein de la société.

Chapitre 7

De nouvelles ruralités :
enjeux et questions pour la recherche

Guy Riba

À partir de l'élaboration de scénarios d'évolution des ruralités à l'horizon 2030, un travail a été engagé afin d'envisager les conséquences des futurs possibles des ruralités pour l'Inra et ses recherches. Pour cela, deux moments de mise en débat des résultats de la prospective Nouvelles ruralités avec les chercheurs de l'institut ont été organisés dans les centres Inra de Toulouse et de Dijon. Durant chacune de ces journées de réunions, intitulées « Carrefour régional », les scénarios Nouvelles ruralités ont été présentés à un groupe de chercheurs d'un centre régional de l'Inra, représentant une diversité de disciplines et de démarches, afin de mener une réflexion collective sur les questions qu'évoquent les scénarios d'évolution des ruralités par rapport à leurs propres pratiques de recherche. Le déroulement des journées de Carrefour s'est organisé en deux temps : une première phase a consisté, après une présentation des scénarios des ruralités en 2030, à dégager des enjeux, des thèmes ou des grandes questions associés aux scénarios d'évolution des ruralités ; une seconde phase a permis d'identifier, scénario par scénario, comment les thèmes repérés font sens pour la recherche à l'Inra en termes d'orientation de recherche et de partenariat.

Ainsi, les scénarios élaborés par le groupe de travail ont été mobilisés comme des outils d'exploration, afin d'identifier des questions de recherche, des compétences nouvelles et des partenariats à développer, notamment sur les questions d'agriculture, d'environnement et plus largement, de gestion des territoires ruraux. Une première synthèse de cette démarche qui est appelée à se poursuivre dans d'autres centres Inra est présentée ci-après.

Les enjeux mis en évidence
par la prospective Nouvelles ruralités

Une nécessaire insertion territoriale de l'agriculture

La quête d'espace pour le développement de l'agriculture est une évidence en France et bien plus encore dans les pays émergents et ceux en développement. Mais au-delà de cette incontournable évolution, quatre arguments expliquent pourquoi c'est bien au cœur de territoires et non seulement d'espaces que l'agriculture évolue :

– l'agriculture partage l'espace anthropisé avec les zones d'habitation et les milieux naturels ;

– chaque exploitation agricole organise spatialement et temporellement ses activités de production et de stockage en cohérence avec ses autres activités, ses modes de vie et les dynamiques économiques ;

– pour être durable, l'agriculture doit être acceptée, ce qui suppose une régulation collective de la diversité des opinions, des aspirations et des activités ;

– les diversités des territoires, des pratiques, des usages, des traditions et des hommes sont à l'origine d'une infinie richesse des agricultures et des produits agricoles.

La densification de la population mondiale, le développement de l'urbanisation, les besoins accrus en sources alternatives d'énergie exacerbent cet enjeu et génèrent de nouvelles questions de recherche.

Une incontournable prise en compte de l'agriculture par et pour le développement urbain

Chaque jour, 160 hectares de terre agricole disparaissent en France au bénéfice d'habitations, d'usines, de routes, citait H. Kempf dans un récent article du journal *Le Monde* intitulé « *Ces villes qui étouffent la campagne* ». À ce rythme, on voit bien que le développement de l'une ne peut se faire sans la prise en considération du développement de l'autre. Par ailleurs, dans plusieurs grandes métropoles en France et bien plus encore dans des pays à forte densité démographique, une certaine agriculture est déjà « entrée » dans la ville ; sur le toit d'immeubles ou dans des bâtiments dédiés, des élevages ou des cultures se développent. Enfin, l'agriculture doit apporter tous ses acquis pour la meilleure gestion de la ville et de ses effets délétères sur l'environnement, pour le paysage urbain et finalement pour le bien-être et la qualité de vie des concitoyens.

Une interdépendance renforcée des espaces agricoles et des espaces naturels

L'agriculture doit s'approprier la biodiversité des espèces d'intérêt agronomique ou sauvages et tirer le meilleur de la diversité abiotique des écosystèmes plutôt que d'araser l'une et l'autre comme cela est trop souvent le cas. Les espaces naturels doivent s'inscrire dans des trames « verte » et « bleue » afin de garantir les échanges d'espèces et le brassage de gènes entre populations évoluant dans des entités géographiques limitées.

L'adaptation des espaces aux changements globaux (température, niveau de la mer, régime des pluies) suppose une approche globale qui concerne tant les territoires ruraux cultivés que les autres espaces naturels.

Quelques questions de recherche pour les Nouvelles ruralités

Sans prétendre être exhaustif, nous relèverons quelques questions de recherche prioritaires pour l'Inra autour de quatre problématiques déduites des enjeux précédemment évoqués.

• La conception de systèmes de production innovants concilie les exigences de production, de productivité, de respect de l'environnement et de qualité des produits et un impératif de survie des activités agricoles dans des espaces où l'urbanité se renforce. Certes, la problématique des ruralités n'est pas le seul ni le premier argument justifiant l'urgente conception de tels systèmes, mais elle en est un argument qui répond tant aux attentes rurales qu'urbaines. Pour ce faire, on voit qu'il faut être en mesure de mettre en œuvre des approches intégrées multidisciplinaires, interdisciplinaires et transdisciplinaires associant les chercheurs à toutes les parties prenantes. C'est un appel au développement d'une agroécologie génératrice de systèmes de production et de transformation à haute valeur environnementale en cohérence avec le Grenelle de l'environnement puisqu'il y a une forte convergence des deux réflexions conduites simultanément.

• L'approche comparative des ruralités et des urbanités dans le monde est une question scientifique qui prend tout son sens au moment d'une mondialisation accrue et de l'exacerbation des tensions entre villes et campagnes en particulier pour des métropoles qui augmentent en taille, qui sont de plus en plus déconnectées de leur arrière-pays et qui connaissent ou connaîtront des problèmes d'approvisionnement alimentaire. Les recherches de la France en ce domaine furent pionnières et importantes avant de régresser. Il est urgent de se réinterroger tout en renouant les liens avec des équipes de géographes et sociologues qui porteront un regard complémentaire. Cette approche comparative doit bien évidemment analyser les modes de gouvernance des territoires, la place des technologies de l'information et de la communication ainsi que les processus de différenciation. C'est lancer un appel au renforcement des quelques recherches conduites en ce domaine à l'Inra grâce à de nouvelles collaborations avec des juristes du foncier, des sociologues, des géographes. C'est dire enfin que l'avenir des campagnes et l'avenir de la ville sont inextricables ce qui suppose une évolution même des sujets de recherche de l'Inra.

• Le nombre de citoyens – notamment dans l'urbain mais pas seulement – qui ont une vision partiale, partielle et distante avec la nature est et sera encore longtemps en croissance. Or, ce déficit d'appropriation engendre des tensions avec les agriculteurs et génère des incompréhensions à l'égard de certaines innovations qui peuvent rendre inacceptable et donc non durable l'activité agricole. Pour combattre cette tension, il est important, d'une part d'étudier les déterminants de la vision de la nature par l'homme, d'autre part d'organiser les formations nécessaires au rapprochement de l'Homme à celle-ci.

• L'approche réglementaire ne pourra à elle seule résoudre les conflits et tensions qui se multiplient au sein même des territoires ruraux mais également à leurs interfaces avec les espaces urbains. Il faut donc encourager l'émergence d'une économie des services écosystémiques qui, en complément de la réglementation, sera un moteur d'évolution. En effet, la valorisation des services des écosystèmes, est une manière de développer une économie de la fonctionnalité, terme consacré issu du Grenelle de l'environnement, qui doit faire l'objet de recherches plus nombreuses afin d'en garantir la mise en œuvre.

Il serait excessif de considérer que toutes ces questions sont nouvelles et spécifiques de cette prospective. Malgré tout, le regard qui est porté sur les ruralités renouvelle certaines questions, bouleverse leur hiérarchie et interroge sur l'adéquation entre les objets de recherche, les compétences et les alliances actuelles de l'Inra avec ce qu'ils devraient être à l'avenir.

De la géodiversité des territoires

Armand Frémont

Engager une réflexion prospective sur « *le devenir du rural de la France dans l'Europe* » ou, plus brièvement, sur les *Nouvelles ruralités*, tel était l'objectif de recherche prospective fixé au groupe d'experts qui travaille sur cette question depuis le début 2006, soit depuis près de deux ans et demi. L'enjeu est lourd pour l'Inra. Traditionnellement, l'institut a été créé et a fonctionné pour développer la recherche agronomique, mais il a évolué au cours des dernières décennies en ajoutant à sa mission la plus ancienne les recherches sur l'environnement et sur l'alimentation. Parallèlement, l'espace rural ou, plus conceptuellement, la « ruralité » ou les « ruralités » se sont imposés comme préoccupation administrative et politique des pouvoirs publics ou comme aspiration des citoyens et en définitive comme objet de recherche. Car le fait est que depuis la fin des années soixante-dix, alors que le nombre des agriculteurs tombe au plus bas et que beaucoup s'interrogent sur leur avenir, les populations dites « rurales » rompent une tendance de deux siècles et s'accroissent, particulièrement autour des villes, dans des aires de plus en plus vastes, selon le phénomène dit de « périurbanisation », mais aussi sous d'autres formes.

Qu'en sera-t-il d'une telle tendance à l'horizon 2030 ou que peut-on percevoir de nouvelles tendances ? Telle était la question posée, avec bien entendu tous les aléas d'un travail prospectif qui sert à éclairer les actions du présent par une réflexion sur l'avenir. La France en Europe constitue un terrain de premier choix pour une telle étude, du fait de ses appartenances politiques et économiques à l'Union européenne (notamment par la Politique agricole commune), mais aussi par l'étendue de ses territoires ruraux, l'importance de sa production agricole, l'ancienneté et l'attractivité de son patrimoine rural, aux tous premiers rangs en Europe.

Un premier temps de la démarche, au cours de l'année 2006, a conduit à une recherche classique sur les grandes tendances constatées, sur les principaux axes de réflexion, appuyée sur la mise au point et l'analyse de l'appareil statistique disponible. Elle était complétée par une attention particulière portée aux signaux faibles comme indicateurs de nouvelles tendances encore assez mal perceptibles, provenant d'études particulières comme celle sur l'analyse des conflits ou bien de projets divers ou d'observations personnelles des membres du groupe. Une évidence s'imposait aux discussions, peut-être en vérité trop prégnante : le poids du couple rural-urbain, et dans ce couple la force et les formes de la dynamique urbaine, au point de forcer le raisonnement sur le rural à ne plus être perçu que du point de vue de l'urbain. La ville, mieux, la métropolisation, par voie de conséquence la périurbanisation, phénomènes majeurs de notre temps en effet, tendaient comme naturellement à envahir la réflexion et le discours du groupe d'experts, comme elles le faisaient dans la réalité des territoires. Non dite, sans doute parce que trop simpliste, la réflexion prospective devait-elle au fond se réduire à un travail sur les formes et sur l'avenir de la périurbanisation au sens large, avec une connotation plutôt négative de la plupart des participants appelant diverses contre-propositions ? Et quelle pouvait être la place de l'Inra sur cette voie ?

Un tournant dans la discussion intervint à la fin de l'année 2006 et au début de 2007 par la mise en forme, d'abord à titre d'essais, puis plus durablement, de micro-scénarios, puis de quatre scénarios reprenant en les combinant des éléments des micro-scénarios, enfin par l'étude approfondie de quatre régions françaises répondant assez bien actuellement aux perspectives ouvertes par les quatre scénarios : Midi-Pyrénées (pour les campagnes de diffusion métropolitaine) ; Rhône-Alpes (pour les campagnes intermittentes des systèmes métropolitains) ; Provence-Alpes-Côte d'Azur (pour les campagnes au service de la densification urbaine) ; la Basse-Normandie (pour les campagnes dans les réseaux de villes). Les quatre scénarios n'ont pas véritablement de fonction alternative, l'un devant se substituer aux autres selon les cas, mais chacun et l'exemple qui l'appuie représentent plutôt l'illustration d'un avenir possible, sans véritable exclusion des autres. On imagine aisément que l'un puisse s'avérer plus puissant que les autres sous l'effet de facteurs internes (la dynamique de la société et de ses projets, le jeu des acteurs et des pouvoirs locaux et régionaux) ou externes (la politique nationale, internationale, notamment européenne, le réchauffement climatique, la crise de l'énergie et de l'eau, la pénurie alimentaire, le souci de l'environnement...). Ainsi actuellement, le scénario 1, celui des campagnes liées à la diffusion métropolitaine, avec l'exemple de Toulouse et de Midi-Pyrénées, représente-t-il bien la dynamique dominante, y compris sous ses diverses formes, ses alternatives possibles, ses gouvernances plus ou moins directives... Mais il n'efface pas vraiment les trois autres, y compris dans leurs représentations contemporaines et leurs évolutions éventuelles. La probabilité la plus élevée suggère la permanence de leur coexistence, mais avec des succès ou des retraits inégaux. Une première conclusion, sans grand risque, peut donc être que la diversité rurale perdurera tout en se modifiant, sous cette forme ou selon d'autres, et que l'Inra se devra d'y rester attentif en retenant dans ses missions l'intérêt d'une certaine « géodiversité », celle des territoires, au même titre que de la biodiversité.

Dans les dynamiques à venir, et en parcourant transversalement et solidairement les quatre scénarios, se reconnaissent trois grands types d'espaces qui constituent ensemble la ruralité française, à la fois dans leur matérialité et dans les représentations qu'ils suscitent et qui les enveloppent. Ils sont très interdépendants les uns des autres bien entendu. Ils forment, dans leurs associations diverses, les territoires des nouvelles ruralités...

• L'habitat, les lieux de résidence, devenus des résidences de non-agricoles plutôt que d'agriculteurs, minoritaires, voire absents. On y rencontre des populations pauvres autant que fortunées. Actuellement, le modèle est celui de la dispersion ou du petit lotissement, l'image dominante celle de la maison avec jardin, très attachante au sens propre et figuré. On en connaît les avantages mais aussi tous les lourds inconvénients. Qu'en sera-t-il de sa pérennité ? La question apparaît de plus en plus ouverte. Dans la dépendance de grandes options sociétales et politiques, elle échappe très largement à l'Inra, d'autant qu'elle se trouve conceptuellement et méthodologiquement éloignée de ses missions habituelles. Mais l'Inra ne saurait l'ignorer.

• Les espaces dédiés à l'agriculture et à l'élevage, toujours très largement majoritaires même s'ils se rétractent quelque peu, l'étendue des plaines, des bocages, des vignobles, entre les mains des agriculteurs… constituent à la fois un espace de production, un horizon de vie spécifique, un patrimoine paysager plus ou moins exalté par les résidents, intermittents ou non, qui n'en comprennent pas toujours bien les exigences. Ils sont aussi un enjeu, très partagé, pour faire simple, entre les tenants d'une agriculture productive et efficiente dans une économie de marché et les adeptes de formules plus écologiques, plus sociales, dites « plus durables ». Là se trouve toujours « le cœur de métier » de l'Inra, lequel exige de nouvelles rigueurs scientifiques et déontologiques lorsque l'enjeu devient planétaire, d'une actualité brûlante, entre la nécessité de nourrir les hommes et celle d'assurer leur avenir durable et vivable. Rigueur aussi sur l'analyse des ressources et des pratiques quand les choix passent par des problèmes aussi redoutables que la maîtrise de l'eau et de l'énergie, l'alimentation de la population, la biodiversité, les conséquences du réchauffement climatique. En même temps qu'il doit encore accentuer la scientificité de ses recherches sur ces questions, l'Inra doit encourager ses réflexions au sein du comité d'éthique et en termes de prospective.

• La nature enfin constitue le troisième volet des territoires ruraux. Nature très humanisée, bien entendu, composée de forêts, de bois, de marais, de landes, de friches, d'espaces littoraux ou de haute montagne, très appréciée pour les loisirs les plus divers, parfois en extension, souvent menacée, très rigoureusement observée et sous tutelle. Toute région en porte la marque. Mais celle-ci peut-être plus ou moins forte, plus ou moins étendue. On peut imaginer, par exemple, comme dans le scénario 3 (densification urbaine, exemple de la région Provence-Alpes-Côte d'Azur), des espaces entiers d'arrière-pays laissés à une nature plus ou moins sauvage en contraste avec une urbanisation dense et continue par ailleurs, ce qui est déjà bien marqué sur les abords méditerranéens. Mais on peut aussi reconnaître et protéger, plutôt dans le nord et l'ouest, des « *peaux de léopard* » plus subtiles, plus étroitement associées territorialement aux campagnes productives. L'expertise de l'Inra en ce domaine reste de première importance parce que, mieux que celle de spécialistes isolés, elle peut associer au concept de nature (plus difficile encore à définir que celui de ruralité) les composantes voisines qui lui sont liées concernant l'agriculture, l'élevage, la résidence, les territoires de nouvelles ruralités.

Au-delà de la science, il faut en définitive en être conscient, les ruralités en devenir en France et en Europe se trouvent sous la dépendance de quelques forces supérieures, déjà citées, et de quelques grands choix. Ils étaient implicites dans beaucoup de propos du groupe d'experts, avec peu de discordance. Au fond, les tendances actuelles du scénario 1 ne satisfont personne et sont même redoutées pour l'avenir. On est séduit par le scénario 2 (la mobilité et ses intermittences), à la fois effrayé et attiré par le 3 (nature sauvage et urbanisation dense en contraste) ou tranquillement rassuré par le 4 (résidence, agriculture et réseaux de villes associés). Les sentiments du moment, de l'actualité brûlante, troublent aussi les perspectives, s'il faut faire « écologiquement correct » ou bien « tout pour produire et pour nourrir les hommes » ou les deux solidairement. Mais un choix supérieur demeure à tous les horizons et à toutes les échelles de l'espace et du temps. Entre le laisser-faire, la simple régulation ou l'aménagement volontaire. L'Inra en est très naturellement un des acteurs.

Bibliographie générale de la prospective

Agence européenne de l'environnement, 2006. Prelude, Prospective Environmental analysis of Land Use Development in Europe.

Agence européenne de l'environnement, 2006. *Urban sprawl in Europe. The ignored challenge.* 56 p.

Agreste, 2005. *L'agriculture, la forêt et les industries agroalimentaires*, 169 p.

Allemand S., Ascher F., Lévy J. (dir.), 2004. *Les sens du mouvement. Modernité et mobilités dans les sociétés urbaines contemporaines.* Éditions Belin, 336 p.

Alphandéry P. et Bergues M. (dir.), 2004. *Territoires en questions. Ethnologie Française*, 34 (1), 179 p.

Ambiaud E., Blanc M., Schmitt B., 2004. Les bassins de vie des bourgs et des petites villes : une économie résidentielle et souvent industrielle. *Insee Première*, 954.

Aubert F. et Gaigné K., 2003. Les espaces ruraux et la politique d'aménagement du territoire. *Inra Sciences Sociales*, (1-2), 4 p.

Aubert F., Schmitt B., Blanc M., 2002. Les espaces ruraux, refuge d'activités déclassées ou milieu attractif pour de nouvelles orientations productives. *In Agriculteurs, ruraux et citadins, les mutations des campagnes françaises, J.-P. Sylvestre (dir.).* Éditions Educagri-CRDP, 251-272.

Baccaïni B., 2001a. L'espace rural devient attractif pour les urbains. *La Lettre de l'Insee Rhône-Alpes*, 79.

Baccaïni B., 2001b. Les migrations en France entre 1990 et 1999. Les régions de l'Ouest de plus en plus attractives. *Insee Première*, 758, 4 p.

Banos V., Candau J., 2004. Émergence d'un espace public en milieu rural : jalons méthodologiques. Communication au colloque Espaces et sociétés aujourd'hui, 21 et 22 octobre 2004. UMR ESO-Rennes, 16 p.

Barré R., Laat (de) B., Theys J. (ss. dir.), 2007. *Management de la recherche. Enjeux et perspectives.* Collection Méthodes et Recherches, éditions De Boeck, Bruxelles, 387 p.

Beck U., 2001. *La société du risque. Sur la voie d'une autre modernité.* Éditions Aubier, 521 p.

Béhar D., 2003. Dynamique des territoires et nouvelles perspectives institutionnelles. *Les cahiers de Profession Banlieue. Demain, la décentralisation,* 11 p.

Béhar D., Estèbe P., 2007. Décentralisation ou fin des monopoles territoriaux. *In L'état de la France 2007-2008.* La Découverte, 296-299.

Bengs C. et. Schmidt-Thomé K. (eds.), 2005. Urban-rural relations in Europe. ESPON 2006 Programme, Project 1.1.2. Final Report. 482 p.

Bérard L., Cegarra M., Djama M., Louafi S., Marchenay P., Roussel B., Verdeaux F. (eds.), 2005. *Biodiversité et savoirs naturalistes locaux en France.* Éditions Inra, Cirad, Iddri, IFB, Paris, 271 p.

Berger A., Chevalier P., Dedeire M., 2005. *Les nouveaux territoires ruraux. Éléments d'analyse.* Éditions Université Paul Valéry, Montpellier, 305 p.

Bertrand N., Souchard N., Rousier N. Martin S., Micheels M.-C., 2006. Quelle contribution de l'agriculture périurbaine à la construction de nouveaux territoires : consensus ou tensions ? *Revue d'économie régionale et urbaine,* 3 : 329-353.

Bessy-Pietri P., 2000. Recensement de la population 1999. Les formes de la croissance urbaine. *Insee Première,* 701.

Bessy-Pietri P., Hilal M. et B. Schmitt, 2000. Recensement de la population en 1999, Evolutions contrastées du rural. *Insee Première,* 726.

Bigot R. et Hatchuel G., 2002. L'enquête du Credoc sur les Français et l'espace rural. *In Repenser les campagnes,* Ph. Perrier-Cornet (dir.). Éditions de l'Aube, 259-273.

Billaud J.-P., 2004. Environnement et ruralité : enjeux et paradoxes. *Desenvolvimento e Meio Ambiente,* 10, 8 p.

Bimagri, 2006. Les chiffres de l'agriculture et de la pêche, édition 2006. *Bimagri hors série,* 18.

Blanc M., Schmitt B., Ambiaud E. (collab.), 2006. Orientation économique et croissance locale de l'emploi dans les bassins de vie des bourgs et petites villes. Miméo préparé pour *Économie et Statistique,* 21 p.

Blanc M., Schmitt B., Ambiaud E. (collab.), 2007. Orientation économique et croissance locale de l'emploi dans les bassins de vie des bourgs et petites villes. *Économie et statistique,* 402 : 57-74.

Blanc M., 1997. La ruralité : diversité des approches. *Économie Rurale,* 242 : 5-12.

Bodiguel M., 1986. *Le rural en question : politiques et sociologues en quête d'objet.* L'Harmattan, 184 p.

Boiffin J., Hubert B., Durand N. (dir.), 2004. *Agriculture et Développement Durable : enjeux et questions de recherche.* Éditions Inra, Paris, 91 p.

Boisson J.-P. (rapporteur), 2005. La maîtrise foncière, clé du développement rural : pour une nouvelle politique foncière. Rapport du Conseil économique et social, 119 p.

Bontron J.-C., Morel-Brochet A., 2002. Tourisme et fonctions récréatives : quelles perspectives pour les espaces ruraux ? *In Repenser les campagnes,* Ph. Perrier-Cornet (dir.). Édition de l'Aube, 173-193.

Bossuet L., 2005. Habiter le patrimoine au quotidien, selon quelles conceptions et pour quels usages ? *In Habiter le patrimoine, enjeux, approches, vécu,* M. Gravari-Barbas (dir.). Éditions Presses universitaires de Rennes, 27-39.

Bossuet L., 2006. Peri-rural populations in search of territory. *Sociologia Ruralis*, 46 (3) : 214-228.

Bruckner J. K., 2000. Urban sprawl : Diagnosis and remedies. *International Regional Science Review*, 23 : 160-171.

Buller H., 2004. Where the wild things are : the evolving iconography of rural fauna, *Journal of Rural Studies*, 20 : 131-141.

Butault J.-P., Delame N., 2005. Concentration de la production agricole et croissance des exploitations. *Économie et Statistique*, 390 : 47-64.

Callon M., Lascoumes P., Barthe Y., 2001. *Agir dans un monde incertain. Essai sur la démocratie technique.* Collection La couleur des idées, Seuil, 358 p.

Caron A., André T., 2005. Conflits d'usages et de voisinage dans l'espace rural. *In Proximités et changements socio-économiques dans les mondes ruraux,* A. Torre et M. Filippi (coord.). Éditions Inra, Nancy, 322 p.

Caruso G., 2002. La diversité des formes de périurbanisation en Europe. *In Repenser les campagnes,* Ph. Perrier-Cornet (dir.). Édition de l'Aube, 67-100.

Castel J.-M., 2006. Les liens entre l'organisation urbaine et les déplacements dans la perspective de maîtrise du trafic automobile. Rapport du CERTU, 64 p.

Cattan N., Berroir S., 2006. Les représentations de l'étalement urbain en Europe : essai d'interprétation. *In La ville insoutenable,* A. Berque, Ph. Bonnin, C. Ghorra-Gobin (dir.). Belin, 87-96 p.

Cavailhès J., Schmitt B., 2002. Les mobilités résidentielles entre villes et campagnes. *In Repenser les campagnes,* Ph. Perrier-Cornet (dir.). Édition de l'Aube, 35-65.

Cavailhès J. et Wavresky P., 2007. Les effets de la proximité de la ville sur les systèmes de production agricoles. *Agreste Cahiers*, 2 : 41-47.

Chamboredon J.-C., 1985.Les nouvelles formes de l'opposition ville-campagne. *In Histoire de la France urbaine. Tome V : La ville aujourd'hui.* Seuil, Paris, 557-573.

Chapulut J.-N., Paul-Dubois-Taine O. (coord.), 2006. *Démarche prospective Transports 2050, éléments de réflexion.* Ministère des Transports, de l'Équipement, du Tourisme et de la Mer, Conseil général des Ponts-et-Chaussées, 54 p.

Chevalier P., Dedeire M., 2004. Les dynamiques rurales 30 ans après : Entre intégration et périphérisation économique. *In Actes du XLᵉ colloque de l'ASRDL, Convergence et disparités régionales au sein de l'espace européen,* 1-2-3 septembre 2004, Bruxelles, 25 p.

Clavel M., 2006. Insaisissable périurbain. *In La ville insoutenable,* A. Berque, Ph. Bonnin, C. Ghorra-Gobin (dir.). Belin, 78-86.

Conférence permanente du tourisme rural, 2004. Bilan de trois années d'activités et perspectives, 126 p.

Conseil national du tourisme (rapporteurs P. Steinlein et M. Guérin), 2006. Le tourisme : outil de revitalisation des espaces ruraux et de développement durable ? Note de synthèse, 5 p.

Datar, 2003. *Quelle France rurale pour 2020 ? Contribution à une nouvelle politique de développement rural durable.* La Documentation Française, 64 p.

Davezies L., 2004. Développement local : le déménagement des Français. *Futuribles*, 295 : 43-56.

Davezies L., 2008. *La République et ses territoires. La circulation invisible des richesses.* Seuil, 110 p.

Davezies L. et Veltz P., 2006. Les métamorphoses du territoire : nouvelles mobilités, nouvelles inégalités. *Le Monde,* 20 mars 2006.

Decomps B., 2006. Quand la ville mobile rencontre l'effet de serre (propos recueillis par Didier Gout). *La Recherche, Ville et Mobilité Durables*, 398 : 6-11.

Decrop G., 2004. La montagne, le hameau et le prophète de malheur. Histoire d'un risque moderne. *Ethnologie française,* 34 (1) : 49-57.

Degorre A., Redor P., 2007. Enquêtes annuelles de recensement de 2004 à 2006. Les départements du Sud et du littoral atlantique gagnants au jeu des migrations internes. *Insee Première,* 1116, 5 p.

Détang-Dessendre C., Piguet V. et Schmitt B., 2002. Les déterminants micro-économiques des migrations urbain-rural : leur variabilité en fonction de la position dans le cycle de vie. *Population,* 57 (1) : 36-62.

Deverre C., 2004. Les nouveaux liens sociaux au territoire. *Nature, Sciences, Sociétés*, 12 (2) : 172-178.

Deverre C., Mormont M. et Soulard C., 2003. La question de la nature et ses implications territoriales. *In Repenser les campagnes,* Ph. Perrier-Cornet (dir.). Éditions de l'Aube, 217-238.

Di Méo G., 2000. Que voulons-nous dire quand nous parlons d'espace ? *In Logiques de l'espace, esprit des lieux. Géographies à Cerisy,* J. Levy, J. Lussault, (dir.). Collection Mappemonde, Belin, Paris, 37-58.

DIACT, 2008. Futurs périurbains. Prospective des espaces périurbains de la France en Europe. Documents du groupe de travail de la DIACT piloté par M. Vanier.

Diact (Musso P., ss. dir.), 2008. *Territoires et cyberespace en 2030.* Collection Travaux, La Documentation Française, 148 p.

Dibie P., 2005 (1ʳᵉ édition 1979), *Le village retrouvé. Essai d'ethnologie de l'intérieur.* Édition de l'Aube, 256 p.

Dibie P., 2006. *Le village métamorphosé. Révolution dans la France profonde.* Collection Terre humaine, Plon, 406 p.

Direction du tourisme, 2005. *Chiffres clés du tourisme en 2004*, 8 p.

Dupré L., 2006. Patrimonialiser : entre naturalisation et excès d'historicité. *In Biodiversité et savoirs locaux naturalistes en France* (L. Bérard *et al.,* eds). Éditions Inra, Cirad, Iddri et IFB, 199-206.

Duvernoy I., Jarrige F., Moustier P., Serrano J., 2005. Une agriculture multifonctionnelle dans le projet urbain : quelle reconnaissance, quelle gouvernance ? *Les cahiers de la multifonctionnalité,* 8 : 88-104.

Estèbe Ph., Davezies L., 2007. L'autonomie politique dans l'interdépendance économique ? *Pouvoirs locaux,* 72 : 103-110.

Estèbe Ph., 2007. *La Poste et la gouvernance locale : de l'ordre territorial aux opportunités de l'espace en mouvement. Contribution à la réflexion prospective Poste 2020,* Groupe La Poste, Mission de la recherche, collection des rapports.

European Commission, DG-Agriculture and Rural Development, Directorate Economic analysis and evaluation, 2007. Scenar 2020, Scenario Study on Agriculture and the Rural World.

Faure A., Andy S., 1998. Espace rural, politiques publiques et cultures politiques. *Ruralia,* 2.

FFRAF report, 2007. Forsighting Food, Rural and Agri-Futures 2030.

Fleury A., Laville J., Darly S., Lenaers V., 2004. Dynamiques de l'agriculture périurbaine : du local au local. *Cahiers Agricultures*, 13 (1) : 58-63.

Frémont A., 1976. *La Région, espace vécu.* Flammarion, 288 p.

Frémont A., 2005. *Aimez-vous la géographie ?* Flammarion, 358 p.

Gaigné C., Piguet V., B. Schmitt, 2005. Évolution récente de l'emploi industriel dans les territoires ruraux et urbains : une analyse structurelle-géographique sur données françaises. *Revue d'économie régionale et urbaine,* 1 : 3-30.

Godard O., Hubert B., 2002. Le développement durable et la recherche scientifique à l'Inra. Rapport de mission, 58 p.

Guérin M. (chef de projet Manon), 2004. Conflits d'usage à l'horizon 2020. Quels nouveaux rôles pour l'État dans les espaces ruraux et périurbains ? Rapport du groupe Manon du Commissariat général du Plan, 199 p.

Halfacree K., 1994. The importance of "the rural" in the constitution of counterurbanisation : evidence from England in the 1980s. *Sociologia Ruralis*, 34 (2) : 164-189.

Halfacree K., 2003. Review Jonathan M. Murdoch J., Lowe P., Ward N. and Marsden T., 2003. *The Differentiated Countryside*. Routledge, London, 181 p. *Journal of Historical Geography*, 29 (3) : 484-485.

Hervieu B., 2008. *Les orphelins de l'exode rural. Essai sur l'agriculture et les campagnes du XXIe siècle.* Édition de l'Aube, 152 p.

Hervieu B., Viard J., 1996. *Au bonheur des campagnes (et des provinces).* Édition de l'Aube, 144 p.

Hervieu B., Viard J., 2001. *L'archipel paysan. La fin de la République agricole.* Édition de l'Aube, 128 p.

Heurgon E., 2006. Les Nouvelles ruralités en devenir dans le département de la Manche. Prospective La Poste 2020, 28 p.

Heurgon E., 2007. Mobilités, temporalités, territorialités : vers un nouvel art de vivre ? *Cahiers du Management territorial*, 30.

Hilal M. et Piguet V., 2002. Le rural en statistiques : une intégration urbaine plus forte. *Économie et Humanisme*, 362 : 12-17.

Hirczak M., Mollard A., 2004. Différenciation par la qualité et le territoire versus coordination sectorielle : conflit ou compromis ? L'exemple de la Bresse, *4th Congress on Proximity Economics*, Marseille, 17-18 juin 2004, 19 p.

Ifen, 2003. Ville et agriculture : dialogue ou monologues ? *Les Données de l'environnement*, 81, 4 p.

Ifen, 2006. *L'environnement en France, édition 2006.* La Documentation Française, 500 p.

Insee, 2003. Structuration de l'espace rural : une approche par les bassins de vie. Rapport de l'Insee pour la Datar avec la collaboration de l'Ifen, l'Inra, le SCEES et la Datar, 114 p.

Insee, 2006. Le recensement de la population vivant en France. Lancement de l'enquête de 2006 et diffusion des résultats des enquêtes de 2004 et de 2005. *Communiqué de presse.*

Insee, Inra (Schmitt B., Perrier-Cornet Ph., Blanc M., Hilal M., eds), 1998. *Les Campagnes et leurs Villes.* Collection contours et caractères, éditions Insee, 203 p.

Jarrige F., 2004. Les mutations d'une agriculture méditerranéenne face à la croissance urbaine. Dynamiques et enjeux autour de Montpellier. *Cahiers Agricultures*, 13 (1) : 64-74.

Jarrige F., Jouve A.M., Napoleone C., 2003. Et si le capitalisme patrimonial foncier changeait nos paysages quotidiens ? *Le Courrier de l'environnement de l'Inra*, 49 : 13-28.

Jollivet M., Mendras H. (dir.), 1971, *Les collectivités rurales françaises : étude comparative du changement social*, vol. 1. Armand Colin, 222 p.

Jouvenel H. (de), 1999. La démarche prospective, un bref guide méthodologique. *Futuribles*, 247 : 47-69.

Kaufmann V., 1999. Mobilité et vie quotidienne : synthèse et questions de recherche. *2001 Plus, Synthèses et recherches*, 48, 13 p.

Kayser B. (dir.), 1993. *Naissance de nouvelles campagnes*. Édition de l'Aube, 176 p.

Kirat Th., Torre A. (éds), 2008. *Territoires de Conflits. Analyses des mutations de l'occupation de l'espace*. L'Harmattan, Paris.

Lacombe Ph., 2002. *L'agriculture à la recherche de ses futurs*. Édition de l'Aube, 192 p.

Lascoumes P., Le Bourhis J.-P., 1998. Le bien commun comme construit territorial : identités d'action et procédures. *Politix*, 42 : 37-66.

Latour B., 1991, *Nous n'avons jamais été modernes : Essai d'anthropologie symétrique*. La Découverte, 211 p.

Latour B., 1999. *Politiques de la nature. Comment faire entrer les sciences en démocratie ?* La Découverte, Paris, 383 p.

Le Bras H., 2007. *Les 4 mystères de la population française*. Odile Jacob, 304 p.

Le Jeannic T., 1997. Radiographie d'un fait de société : la périurbanisation, *Insee Première*, 535.

Lemenu A., 2007. L'éco-lotissement pour un habitat durable. *Transrural Initiatives*, 326.

Léon O., P. Godefroy, 2006. Les échanges de population entre zones d'emploi. Six profils types. *Insee Première*, 1074.

Loinger G. (ss. dir), 2004. *La prospective régionale de chemins en desseins*. Édition de l'Aube, 275 p.

Loinger G. (ss. dir), 2006. *Développement des territoires et prospective stratégique*. Éditions l'Harmattan, 230 p.

Mamdy J.-F. (ss. dir.), 2006. Tourisme en campagne : scénarios pour le futur. *POUR*, 191.

Manceron V., 2005. *Une terre en partage – Liens et rivalités dans une société rurale*. Collection Ethnologie de la France, éditions de la MSH., 258 p.

Mangin D., 2006. La ville durable, c'est la ville qui bouge (propos recueillis par Didier Gout). *La recherche, Ville et mobilité durables*, 398 : 40-43.

Marchand B., Salomon Cavin J., 2007. Anti-urban ideologies and planning in France and Switzerland : Jean-François Gravier, Armin Meili. *Planning Perspectives*, 22 : 29-53.

Marsden T., 2007. The quest for ecological modernisation : re-spacing rural development and agri-food studies. *Sociologia Ruralis*, 44 (2) : 129-146.

Martin S., Bertrand N., Rousier N., 2006. Les documents d'urbanisme, un outil pour la régulation des conflits d'usage de l'espace agricole périurbain ? *Géographie Economie Société*, 3 (8) : 329-350.

Mendras H., 1992 (1re éd. 1967), *La fin des paysans*. Actes Sud, 436 p.

Micoud A., 2004. La patrimonialisation : redire ce qui nous relie ? *In Réinventer le patrimoine. De la culture à l'économie, une nouvelle pensée du patrimoine,* C. Barrère, D. Barthélémy, M. Nieddu, F-D. Vivien, (eds). L'Harmattan, 81-97.

Micoud A., 2004. Des patrimoines aux territoires durables. Ethnologie et écologie dans les campagnes françaises. *Ethnologie Française*, 34 (1) : 13-22.

Mignot D., Aguilera A., Bloy D., 2004. Chapitre IV : Polycentrisme et mobilité domicile travail. *In Permanence des formes de la métropolisation et de l'étalement urbain.* Rapport final, 114 p.

Milbourne P., 2007. Re-populating rural studies : Migrations, movements and mobilities. *Journal of Rural Studies*, 23 : 381-386.

Ministère de l'agriculture et de la pêche, 2006. Plan stratégique de développement rural 2007-2013, 113 p.

Ministère de l'agriculture et de la pêche.-CESAER (dir. F. Aubert), 2006. *Appui méthodologique à l'évaluation du développement des zones rurales. Diagnostic des espaces ruraux.* 112 p.

Mitchell C.J.A., 2004. Making sense of counter urbanization. *Journal of Rural Studies,* 20 : 15-34.

Morel B., Redor P., 2006. Enquêtes annuelles de recensement 2004 et 2005. La croissance démographique s'étend toujours plus loin des villes. *Insee Première*, 1056.

Mormont M., 1996, Le rural comme catégorie de lecture du social. *In L'Europe et ses campagnes,* M. Jollivet et N. Eizner, (dir.). Éditions Presses de Sciences-Po, 161-176.

Mormont M., 1996. Agriculture et environnement : pour une sociologie des dispositifs. *Économie Rurale,* 236 : 28-36.

Mougenot C., 2003. *Prendre soin de la nature ordinaire.* Éditions MSH-Inra, Paris, 237 p.

Mouhoud E.M. (dir.), 2005. Localisation des activités économiques et stratégies de l'État : un scénario tendanciel et trois stratégies d'action régionale pour l'État. Rapport du Groupe Perroux. Commissariat général du Plan, 154 p.

Mouhoud E.M., 2006. Mobilité des ménages versus mobilité des entreprises : de nouvelles marges de manœuvre pour l'action stratégique de l'État en direction des régions. *Horizons stratégiques,* 1, 19 p.

Naizot F., 2005. Les changements d'occupation des sols de 1990 à 2000 : plus d'artificiel, moins de prairies et de bocages. *Les données de l'environnement,* 101, Ifen.

Newrur (coord. N. Bertrand), 2004. Urban pressure on rural areas : mutations and dynamics of periurban rural processes. 5e PCRD 2001-2004, Commission des communautés européennes.

OCDE, 2006. *Le nouveau paradigme rural. Politiques et gouvernance. Examens de l'OCDE des politiques rurales.* OCDE éditions, 172 p.

Offner J.-M., 2003. Les nouvelles modalités de l'action publique. *In Développement, Action Publique et Régulation (IAURIF),* 43-68.

Orfeuil J.-P., 1999. Évolution des mobilités locales et interface avec les stratégies de localisation. *In Questions urbaines et Politique de la ville,* J.-P. Orfeuil, B. Balzani, R. Bertaux, J. Brot, (eds). L'Harmattan, 131-138.

Orfeuil J.-P., 2004. Chapitre Accessibilité, mobilité, inégalités : regards sur la question en France aujourd'hui. *In Transports, pauvretés exclusions : pouvoir bouger pour s'en sortir,* J.-P. Orfeuil, F. Ascher, R. Cervero, J. Damon, B. Desmedt, M. Grant, E. Le Breton, (dir.). Édition de l'Aube, 181 p.

Pages A., 2004. *La pauvreté en milieu rural.* Éditions des Presses Universitaires du Mirail, Toulouse, 185 p.

Pecqueur B., 2004. Vers une géographie économique et culturelle autour de la notion de territoire. *Géographie et cultures,* 49 : 71-86.

Pelenc M., 2007. Etat des lieux du logement en milieu rural (propos recueillis par Transrural), Dossier : Habitat rural : sous les vieux murs, la plage. *Transrural initiatives,* 326.

Perrier-Cornet Ph. (dir.), 2002. *À qui appartient l'espace rural ? Enjeux publics et politiques.* Édition de l'Aube, 141 p.

Perrier-Cornet Ph. (dir.), 2002. *Repenser les campagnes.* Édition de l'Aube, 279 p.

Perrier-Cornet Ph. (dir.), manuscrit de l'ouvrage *Prospective des espaces ruraux français à l'horizon 2020,* groupe de prospective Datar Espaces naturels et ruraux et société urbanisée.

Perrier-Cornet Ph., 2004. L'avenir des espaces ruraux français : dynamiques et prospective à l'horizon 2020. *Futuribles,* 299 : 77-95.

Perrier-Cornet Ph., Hervieu B., 2002. Les transformations des campagnes françaises : une vue d'ensemble. *In Repenser les campagnes,* Ph. Perrier-Cornet, (dir.). Édition de l'Aube, 9-31.

Perrier-Cornet Ph. (ss. dir.), 2001. *Recueil des études et surveys.* Groupe de prospective Datar, Espaces naturels et ruraux et société urbanisée.

Perrier-Cornet Ph., Soulard C. (ss. dir.), 2001. Document d'appui pour la construction des scénarios partiels. Variables Pivots. Groupe de prospective Datar Espaces naturels et ruraux et société urbanisée.

Perrin D. (dir.), 2003. Les politiques de développement rural, rapport de l'Instance nationale d'évaluation du Commissariat général du Plan, 479 p.

Phillips M., 2005. Rural gentrification and the production of nature : a case study from Middle England. *In Papers from the 4th International Conference of Critical Geography,* B. Ramirez, (ed.), Mexico City.

Pinson D., 2006. La faute à Cézanne ? A propos de la perception du pays d'Aix par ses nouveaux habitants de villas. *In La ville insoutenable,* A. Berque, Ph. Bonnin, C. Ghorra-Gobin, (dir.). Belin, 56-66.

Pinton F. (coord.), Alphandéry P., Billaud J.-P., Deverre C., Fortier A., Géniaux G., 2007. *La construction du réseau Natura 2000 en France.* La Documentation Française, 254 p.

Piron O., 2005. Les dynamiques territoriales 1999-2003. Le bonheur est dans le pré. *Pouvoirs locaux,* 66.

Piron O., 2006. Où va-t-on construire demain ? *Études foncières,* 124.

Piveteau V., 2005. Les politiques de développement rural. *In Agriculture et monde rural.* Regards sur l'actualité n° 315. La Documentation Française, 61-72.

Pomonti V., 2003. Nuisances environnementales du trafic automobile et organisation de l'espace et des transports urbains. Étude comparée de trois métropoles européennes : Athènes, Amsterdam, Paris, thèse de doctorat, Paris, 617 p.

Poux X. (coord.) (Groupe de la Bussière), 2006. *Agriculture, environnement et territoires. Quatre scénarios à l'horizon 2025.* Réponses environnement, Ministère de l'Écologie et du développement durable.

Rautenberg M., Micoud A., Berard L., Marchenay P. (ss. dir.), 2000. *Campagnes de tous nos désirs. Patrimoines et nouveaux usages sociaux.* Éditions de la MSH, Paris, 191 p.

Redor P., 2006. Les régions françaises : entre diversités et similitudes. *In La France et ses régions* (Insee). Éditions Insee, 9-19.

Renahy N., 2001. Vivre l'espace ville campagne dans la société contemporaine. Un état de la littérature scientifique relative aux transformations des relations entre espaces ruraux et urbains. *In Recueil des études et surveys,* P. Perrier-Cornet, (ss. dir.), groupe de prospective Datar Espaces naturels et ruraux et société urbanisée, 26-27.

Robert-Bobée I., 2006, Projections de population pour la France métropolitaine à l'horizon 2050. La population continue de croître et le vieillissement se poursuit. *Insee Première,* 1089.

Rossignol G., 2007. Monde rural : une réalité aux multiples visages. *BEL,* 223.

de Sainte Marie C., Bérard L. 2005. Comment les savoirs locaux sont-ils pris en compte dans l'AOC. *In Biodiversité et savoirs naturalistes locaux en France,* Bérard L., Cegarra M., Djama M., Louafi S., Marchenay P., Roussel B., Verdeaux F., (eds). Éditions Quae, Versailles, 183-190.

Salomon Cavin J., 2006. La ville au secours de la campagne, une politique urbaine pour protéger l'Angleterre rurale. *Espaces et sociétés,* 126 (3) : 139-138.

SCEES et Gille F., 2002. Elles cultivent la moitié des céréales et élèvent un tiers des bovins, 44 % des exploitations dans l'urbain et le périurbain. *Agreste Primeur,* 117.

Schmitt B., Piguet V., Perrier-Cornet Ph. et M. Hilal, 2002. Actualisation du zonage en aires urbaines et de son complément rural : définitions, résultats, analyse critique. Rapport au Commissariat général du Plan, 89 p.

Sebillotte M., 2006. Propositions d'actions et de recherches à partir d'une synthèse des recherches bibliographiques entreprises et du suivi des relations chercheurs-praticiens dans le cadre de l'OTM. Observatoire des territoires et de la métropolisation dans l'espace méditerranéen français.

Secchi B., 2006. *Première leçon d'urbanisme.* Éditions Parenthèses, 155 p.

Sencébé Y., 2002. Les manifestations constatées de l'appartenance locale. *In Agriculteurs, ruraux et citadins, les mutations des campagnes françaises,* Sylvestre J.-P. (éd.). CRDP Bourgogne, CNDP, Éducagri éditions, 293-310.

Sencébé, Y., 2004. Être ici, être d'ici. Formes d'appartenance dans le Diois (Drôme). *Ethnologie française,* 34 (1) : 23-29.

Talandier M., 2007. Un nouveau modèle de développement hors métropolisation. Le cas du monde rural français. Thèse de doctorat, Université Paris XII, Val-de-Marne, Institut d'urbanisme de Paris, 479 p.

Talandier M., 2008. Quand les mobilités bousculent la géographie. *Village Magazine,* 92.

Talbot J., 2001. Les déplacements domicile-travail. De plus en plus d'actifs travaillent loin de chez eux. *Insee Première,* 767.

Terrier C. (dir.), 2006. *Mobilité touristique et population présente. Les bases de l'économie présentielle des départements.* Éditions de la direction du Tourisme, 128 p.

Terrier C., Sylvander M., Khiati A., Moncere V., 2005. En haute saison touristique, la population présente double dans certains départements. *Insee Première*, 1050.

Thomsin L., 2001. Un concept pour le décrire : l'espace rural urbanisé. *Ruralia, 9.*

Tornatore J.-L., 2000. Le patrimoine comme objet-frontière. *In De la connaissance à la gestion du patrimoine*, Actes des journées, Rencontres entre Parcs naturels régionaux et services de la direction de l'Architecture et du patrimoine, La Roche-Guyon, 17-18 mars 1999, 21-24.

Torre A., Caron A., 2005. Réflexions sur les dimensions négatives de la proximité : le cas des conflits d'usage et de voisinage. *Économie et Institutions,* 6-7 : 183-220.

Torre A. et Filippi M. (coord.), 2005. *Proximités et changements socio-économiques dans les mondes ruraux.* Inra éditions, 337 p.

Torre A, Lefranc C., 2006. Les Conflits dans les zones rurales et périurbaines. Premières analyses de la Presse Quotidienne Régionale. *Espaces et Sociétés,* 125 : 93-110.

Torre A., Aznar O., Bonin M., Caron A., Chia E., Galman M., Guérin M., Jeanneaux Ph., Kirat Th., Lefranc Ch., Melot R., Paoli J.C., Salazar M.I., Thinon P., 2006. Conflits et tensions autour des usages de l'espace dans les territoires ruraux et périurbains. Le cas de six zones géographiques françaises. *Revue d'économie régionale et urbaine,* 3 : 415-453.

Torrente P., Barthe L., Bessière J., Godard P., 2004. Mise en place d'outils et méthodes pour une structuration du tourisme dans un territoire. Rapport pour le ministère de l'Équipement, des transports, du logement, du tourisme et de la mer.

Urbain J.-D., 2002. *Paradis Verts. Désirs de campagne et passions résidentielles.* Payot, 392 p.

Urry J., 2005. *Sociologie des mobilités. Une nouvelle frontière pour la sociologie ?* Armand Colin, Paris, 253 p.

Vaudaine T., de Sainte Marie C., Delfosse C., 2006. L'économie laitière du massif des Bauges. Entre logique de marché et ancrage territorial, Inra, UR767 et Université de Lyon II. Programme de recherche Inra-PNR du Massif des Bauges, 28 p.

Vanier M., 2005. Rural-urbain : qu'est-ce qu'on ne sait pas ? *In Rural-Urbain Nouveaux liens, nouvelles frontières*, Arlaud S., Jean Y. Royoux D., (eds), Actes du colloque de Poitiers des 4, 5 et 6 juin 2003. Éditions Presses universitaires de Rennes, 25-32.

Vanier M., 2008. *Le pouvoir des territoires. Essai sur l'interterritorialité.* Economica, 160 p.

Veltz P., 2004. Nantes Saint-Nazaire dans la mondialisation. Sept idées (très) générales pour ouvrir le débat. *Actes de la Conférence Métropolitaine 2005 du syndicat Mixte du Scot de la Métropole Nantes Saint-Nazaire.*

Veltz P., 2005. *Mondialisation, villes et territoires. L'économie d'archipel.* PUF, 288 p.

Vetz P., 2008. *La grande transition. La France dans le monde qui vient.* Seuil, 260 p.

Vianey G., Bacconnier-Baylet S., Duvernoy I., 2006. L'aménagement communal périurbain : maintenir l'agriculture pour préserver quelle ruralité ? *Revue d'économie régionale et urbaine,* 3 : 355-372.

Viard J., 2006. Modes de vie et usages du temps en France. Quand l'allongement de la vie bouleverse les territoires. *Futuribles,* 319 : 68-82.

Viard J., 2006. Les 18-25 ans. A la campagne, la voiture pour le meilleur et pour le pire (propos recueillis par Michel Rouger). *Ouest-France*, 12 décembre 2006.

Viard J., 2008. *Lettre aux paysans (et aux autres) sur un monde rural*. Édition de l'Aube, 93 p.

Annexes

Documents produits par la prospective Nouvelles ruralités

Analyses prospectives sur les quatre composantes du système Ruralités : tendances et hypothèses macroscopiques d'évolution par composante

Mora O., Sebillotte C., Barré R., 2007. Mobilités villes-campagnes et dynamiques métropolitaines (dossier composante 1), 16 p.

Mora O., Sebillotte C., Barré R., 2007. Dynamiques économiques (dossier composante 2), 13 p.

Mora O., Sebillotte C., Barré R., 2007. Objets de nature et patrimoine culturel (dossier composante 3), 10 p.

Mora O., Sebillotte C., Barré R., 2007. Acteurs, usages et gouvernance territoriale (dossier composante 4), 10 p.

Mora O., Sebillotte C., Barré R., Picard S., 2007. Éléments de contexte, 19 p.

Synthèses sur la caractérisation quantitative des espaces ruraux

Lépicier D., Aubert F. (CESAER), 2007. Projections quantitative des scénarios : indicateurs et méthode, 23 p.

Aubert F., Lépicier D. (CESEAR), 2008. Une géographie socio-économique des territoires français, 8 p.

Analyses prospectives des dynamiques des territoires vécus

Sebillotte C., Heurgon E., 2007. Dynamiques des usages sur des territoires vécus. Une analyse bibliographique, 26 p.

Heurgon E., 2007. Les nouvelles ruralités en devenir dans le département de la Manche, 29 p.

Loinger G., 2007. Enquête et analyse prospective sur des innovations sociales en milieu rural, 45 p.

Galman M., Bossuet L., Torre A. (Sadapt-Inra), 2007. Contribution à l'analyse prospective des dynamiques en émergence dans les espaces ruraux à travers les conflits d'usages et de voisinages, 35 p.

Illustrations des scénarios : études de cas régionales

Quatre dossiers régionaux d'analyse prospective des tendances d'évolution des territoires et d'illustration des scénarios, constitués à partir de synthèses bibliographiques et d'entretiens auprès d'experts (une dizaine d'entretiens par région)

Mora O., Donnars C., 2007. Éléments prospectifs et illustrations des scénarios en Midi-Pyrénées.

Heurgon E., Mora O., 2007. Éléments prospectifs et illustrations des scénarios en Basse-Normandie.

Mora O., Aoudaï M., Heurgon E., 2007. Éléments prospectifs et illustrations des scénarios en Rhône Alpes.

Mora O., Gauvrit L., Heurgon E., 2007. Éléments prospectifs et illustrations des scénarios en Provence-Alpes-Côte-D'azur.

Liste des personnes auditionnées lors des enquêtes régionales

Région Midi-Pyrénées

Jacques-Eric Bergez, *Inra*, Toulouse
Geneviève Bretagne*, agence d'Urbanisme et d'aménagement du territoire – Toulouse aire urbaine*, Toulouse
Jean-Louis Chauzy, *président du CESR Midi-Pyrénées*, Toulouse
Isabelle Duvernoy, *Inra*, Toulouse
Jean-Claude Flamant, *directeur de la Mission d'Animation des Agrobiosciences et vice-président du Conseil de développement de l'agglomération toulousaine*, Toulouse
Philippe Pointereau, *directeur de Solagro*, Toulouse
Didier Romeas, *directeur de la chambre Régionale d'Agriculture de Midi-Pyrénées*, Toulouse
Clarisse Schreiner, *directrice d'Études du Pôle Planification et Politiques Urbaines, agence d'Urbanisme et d'aménagement du territoire, Toulouse aire urbaine*, Toulouse
Olivier Théron, *Inra*, Toulouse

Région Basse-Normandie

Sophie Barbot, *chambre départementale d'Agriculture de la Manche*, Saint-Lô
Jean-Philippe Briand, *chef du service des études et de la prospective, Conseil régional de Basse-Normandie*, Caen
Frédéric Chauvel, *directeur Pôle de compétitivité Cheval*, Mondeville
Jacques Chevalier, *directeur chambre Régionale d'Agriculture de Normandie*, Caen
Luc Duncombe, *président de la Communauté d'agglomération de Caen la mer*, Caen
Philippe Godin, *PhG Conseil*, Caen
Claude Halbecq, *vice-président du Conseil général de la Manche*, Saint-Lô
Sophie Hamon Le Guyader, *responsable du service Économie développement et territoires, Chambre Régionale d'Agriculture de Normandie*, Caen

Jean-Michel Landrin, *directeur général adjoint chargé de l'aménagement et de l'environnement de Communauté d'agglomération Caen la mer*, Caen
François Lorfeuvre, *directeur de l'Aménagement du Territoire, de la Prospective et de la Planification, Conseil régional de Basse-Normandie*, Caen
Nicole Mathieu, *Ladyss*
Julien Nogues, *Conseil régional de Basse-Normandie*, Caen
Jean-Marie Seronie, *directeur général CER France Manche*, Saint-Lô
Hélène Touchard, *Conseil régional de Basse-Normandie*, Caen

Région Rhône-Alpes

Philippe Auger, *directeur du Syndicat mixte pour le Schéma directeur de la Région grenobloise*, Grenoble
Hughes Beesau, *directeur Mitra, Rhône-Alpes Tourisme*, Lyon
Nathalie Bertrand, *Cemagref*, Saint-Martin-d'Hères
Serge Bonnefoy, *secrétaire national de Terres en ville*, Grenoble
Sébastien Favier, *chargé de mission Ingénierie campagne et terroir, Mira, Rhône-Alpes Tourisme*, Lyon
Pierre-Antoine Landel, *PACTE, Institut de géographie alpine, et Cermosem*, Grenoble
Jean-Jacques Léogier, *ancien responsable du Service du développement rural, de la Draf*, Lyon
Loïc Perron, *SUACI Alpes du Nord* (Service d'utilité agricole à compétences interdépartementales), Saint-Baldoph
André Quay-Thévenon, *président de Métropole Savoie*, Chambéry
Olivier Turquin, *PACTE, Institut de géographie alpine*, Grenoble
Martin Vanier, *PACTE, Institut de géographie alpine*, Grenoble

Région Provence-Alpes-Côte d'Azur

Michel Bariteau, *Inra, directeur adjoint du département EFPA*, Avignon
Emile Bayer, *directeur adjoint Établissement public foncier de la région Provence-Alpes-Côte d'Azur*, Marseille
Marc Beauchain, *responsable du service des Espaces naturels et de l'aménagement du territoire, DDAF des Bouches-du-Rhône*, Marseille
Jean Bonnier, *secrétaire général de l'Association forêts méditerranéennes*, Aix-en-Provence
Bernard Morel, *directeur adjoint Maison méditerranéenne des sciences de l'homme (MMSH)*, Aix-en-Provence
Patrice Devos, *Conseil général de l'agriculture, l'alimentation et des espaces ruraux, MAP*, Paris
Christian Deverre, *Inra, directeur de recherche, unité Écodéveloppement*, Avignon
Ghislain Geniaux, *Inra, Unité Écodéveloppement*, Avignon
Mathieu Leborgne, *Maison méditerranéenne des sciences de l'homme*, Aix-en-Provence
Claude Napoléone, *Inra, unité Écodéveloppement*, Avignon
Christine de Sainte Marie, *Inra, directrice de l'unité Écodéveloppement*, Avignon
Christian Tamisier, *École nationale supérieure du paysage, antenne méditerranéenne*, Aix-en-Provence

Liste des auteurs

Maryse Aoudaï
Inra, Unité prospective

Francis Aubert
ENESAD, directeur du CESAER

Patrice Devos
Ministère de l'Agriculture, de la pêche et de
la ruralité, Conseil général de l'agriculture,
de l'alimentation et des espaces ruraux

Catherine Donnars
Inra, mission Communication

Armand Frémont
Ancien recteur des académies de Grenoble
et de Versailles, président du conseil
scientifique de la Datar de 1999 à 2002

Lisa Gauvrit
Inra, Unité prospective, chargée de
mission

Édith Heurgon
Centre Culturel International de Cerisy,
directrice, conseillère en prospective

Bernard Hubert
Directeur du GIP Ifrai,
directeur scientifique Société, économie,
décision à l'Inra de 2004 à 2007

Denis Lépicier
ENESAD, CESAER,
ingénieur de recherche

Guy Loinger
OIPR/GEISTEL, directeur,
Université Paris 1

Olivier Mora
Inra, Unité prospective, chef de projet

Olivier Piron
Ministère de l'Écologie, de l'énergie,
du développement durable
et de l'aménagement du territoire,
Conseil général des ponts et chaussées

Guy Riba
Directeur général délégué de l'Inra,
chargé des programmes, du dispositif
et de l'évaluation scientifique

André Torre
Inra, Sadapt, responsable des programmes
PSDR

Martin Vanier
Université de Grenoble, Pacte

Édition, maquette, couverture : Éditions Quæ
Mise en pages : Desk
Imprimé pour vous par Books on Demand (Allemagne)

9 782759 202720